AMAZON

Título: El tiempo más que infinito

© Del texto: 2022, Alejandro F. Ibrahim Perera

Primera edición: 14 agosto 2022
Segunda edición: 18 agosto 2022
Tercera edición: 1 octubre 2022

Queda prohibida, salvo excepción hecha en la ley, cualquier forma de reproducción, distribución, comunicación pública y transformación de esta obra sin contar con autorización de los titulares de la propiedad intelectual.
La infracción de los derechos mencionados puede ser constitutivo de un delito contra la propiedad intelectual (arts. 270 y sgrs. del Código Penal)

**Para María**

# Contenido

Introducción ................................................................. 4
CAPÍTULO 1. INTRODUCCIÓN A LO FINITO .......... 8
CAPÍTULO 2. LA SOSTENIBILIDAD Y LA ECONOMÍA CIRCULAR ..................................................................... 23
CAPÍTULO 3. LA MOVILIDAD CONFINADA ........... 38
CAPÍTULO 4. DIGITALIZAMOS ............................... 52
CAPÍTULO 5. INNOVAMOS ..................................... 61
CAPÍTULO 6. RESPONSABILIDAD SOCIAL .......... 69
CAPÍTULO 7. TIEMPO INFINITO EN VIDA FINITA 80
CAPÍTULO 8. TECNOLOGÍA ................................... 97
CAPÍTULO 9. EVOLUCIÓN Y SOLIDARIDAD ...... 109
CAPÍTULO 10. EL FLUIR DEL TIEMPO ................ 120
Corolario .................................................................. 138
Bibliografía .............................................................. 144

# Introducción

Escribir un libro a partir de tu experiencia directiva y en relación a pensamientos que transcienden el día a día no es fácil, si bien es la forma de evadirse, el pensar en asuntos que te inquietan y transcienden lo que te rodea. Un ensayo se convierte en una proeza que puede ser visto con cierto recelo al tratar como fondo el tiempo, algo que no todos conocemos en su relación con el espacio, pero experimentamos y del que continuamente hablamos y estamos siempre mencionando. La reunión a tal hora, nos vemos mañana a las 5 de la tarde, te lo diré la próxima semana, vive 110 años, la Tierra tiene tantos millones de años, etc.

Pues sí, parece que es un vocablo recurrente muy manejado y usado, pero a su vez un gran desconocido con cuestiones filosóficas que nos hacen a veces desesperarnos al no poder entender o crear que todo tiene un sentido arbitrario cuando vemos desolación, muerte o miseria a nuestro alrededor. Pues con estos mimbres y mi experiencia profesional de más de 30 años me he embarcado en una aventura que me ha llevado 3 años, en mis tiempos libres (volvemos al tiempo) pero con mis reflexiones de muchos años, con una visión personal de lo que acontece en 2022 y la vista puesta en el infinito, como si esto se pudiera tener o al menos imaginar, una aventura que al menos mencionarla y perseguirlo da cierto vértigo pero también cierta tranquilidad si alguno piensa en el más allá, esté donde sea, pues seguro verá que hay cuestiones que son transcendentales aunque no ha sido mi pretensión buscarlas, no es un libro sobre la religión, más bien tiene un enfoque práctico de este siglo XXI con lo que podemos observar o contemplar en este mundo que no es poco.

Cuando escribes, como los éxitos en la vida, tienes personas que te elogian y otras muestran indiferencia o envidia y algunas incluso te pueden criticar afirmando que dices cuestiones que no son convencionales o qué opinas de una forma que no es la que se espera porque nuestra mente cultural no es la forma de pensar de una misma manera como sociedad que nos lleva a aceptar algunas cuestiones y a maldecir otras que con el paso del tiempo van cambiando como está siendo la sostenibilidad, la digitalización, la innovación la tecnología, aquello que ahora es tan común como el tiempo no se sabe exactamente que es aunque de igual forma se habla mucho de ello. Todos opinan y todos lo aplican, pero sin conocer muchas veces su trasfondo y el motivo de su uso.

Dejemos entrever si nos paramos a pensar, como si eso se pudiera, no estaría recapitulando lo que de este libro se trata, sino tal vez meditando lo que puede hacer el próximo día. Seamos sinceros, nadie sabe lo que es el tiempo, del latín medida, porque saberlo es tener la respuesta a lo más trascendental a nuestra misma esencia, para entender las cuestiones que nos hacen habitar en un tiempo finito, o eso es para nuestros sentidos.

Las maravillas de la naturaleza suceden en un tiempo, incluso tenemos la vista imaginaria donde podemos situar a diferentes personajes encadenados en una sucesión de eventos, novela o cuestión baladí, pero con el trasfondo del tiempo. Al igual que la música se manifiesta en diferentes escalas concatenadas con tiempos y ritmos que nos dan el sonido y el mensaje musical. La misma comunicación, aunque a veces nos despista, es en intervalos y con un antes y un después. Muchas coincidencias para llegar a una conclusión antes de empezar, el tiempo existe o al menos lo imaginamos en nuestros cerebros y coincide con el de otros siguiendo un patrón porque no dejemos de considerar que es patrón que tiene que ver con una molécula puesto que allí la precisión es mayor pero también infinita, desde la más pequeño hasta la mayor galaxia, hay pasos, intervalos y sucesos sucesivos que se interrelacionan para producir el devenir que nos atrapa. Lo intentamos coger, lo intentamos disfrutar, pero queda en nuestra memoria hasta que se borra o queda en un libro hasta que se pierde o queda en datos hasta que desaparecen. Los emperadores ya se daban cuenta de que tenían que ir a otro sitio para continuar dominando y viviendo en alguna otra esfera, tal vez ese tiempo no lo conocemos aquí, pero existe.

Mientras más de 20.000 satélites y objetos orbitan la Tierra producidos por la tecnología espacial y son el embrión hacia el viaje a otros planetas en el futuro, seguimos experimentando el tiempo con sus contradicciones y su inexorable paso, incluso leyendo o comentando pero disfrutemos conociendo, experimentando y compartiendo ese tiempo con los seres queridos, y con nosotros que podemos reflexionar y compartir esas reflexiones para aportar si cabe algún esperanza a conocer hacia donde vamos aunque sea en otra dirección.

Pues con estos mimbres, mi mochila de conocimientos y mis ganas de transmitir cierta reflexión puedo decir que he escrito la introducción una vez terminada la revisión del libro para saber que el final es el principio como el tiempo que fluye hacia el infinito, y seguro que todo se replica como veremos para continuar hasta el infinito, que ustedes lo disfruten mientras dure.

Alejandro F. Ibrahim Perera<br>
Octubre 2022

# CAPÍTULO 1. INTRODUCCIÓN A LO FINITO

El tiempo pasa, el tiempo fluye, todos los seres humanos lo notamos en el día a día, es un fluir y un continuo cambio en el devenir, un caminar hacia adelante, un aumento de entropía que nos cambia y nos marca de alguna forma inevitable en el devenir de los tiempos, lo notamos, incluso nos puede incomodar. Lo estudiamos y volvemos a su estudio con la historia, incluso pretendemos abarcar el futuro con nuestras estrategias, planificaciones y proyecciones. El tiempo, aunque tenemos diferentes sensaciones de su devenir, no lo podemos parar y lo vamos evaluando en su avance según nuestro estado de ánimo o conciencia de lo que ocurre, de hecho, incluso olvidamos tiempos pasados en nuestro cerebro e imaginamos tiempos mejores que están por venir, nos creamos imágenes irreales que nos animan a seguir. En definitiva, nuestra noción del tiempo viene de nuestro cerebro, donde procesamos la información recibida a través de nuestros sentidos, un mecanismo maravilloso que nos ayuda a detectar las señales, interpretar y experimentar su cambio.

El tiempo siempre ha inquietado en todas las culturas y se ha medido basado en el movimiento desde los astros y el sol, con los relojes de sol basados en la sombra que proyectaban o relojes de arena como inicio del cronómetro hasta la medición atómica con la vibración del átomo como principio de medida. Siempre tomando la regularidad y precisión de la medida con hechos naturales que se producen de forma continua aparentemente.

Lo deducimos en el devenir de acciones cotidianas, en un caminar con 15.000 pasos diarios, pensando, comiendo, en la ducha, hablando, callando, yendo y viniendo, en cualquier momento podemos experimentar lo que de esto va el libro. Incluso leyendo pasa el tiempo y no lo podemos atrapar. Eso sí, con nuestros sentidos lo podemos disfrutar, enamorarnos o soñar, incluso teniendo diferentes sensaciones de su paso según estamos de ánimo.

Escribir es una aventura del cerebro que, con capacidad, experiencia y conocimientos se puede convertir en un caminar hacia lo desconocido porque las letras ayudan a pensar y el pensar ayuda a generar letras y el resultado puede ser que te lleve a recapitular sobre el infinito desde una visión finita del mundo y desde una experiencia limitada del universo. Es maravilloso experimentar la extraña sensación de moverse por el espacio, con las ideas y las galaxias, con la esperanza de que quien lea tus palabras pueda al menos experimentar algún segundo de la admirable capacidad de volar con la imaginación por el infinito, sin tener miedo al más allá, porque somos entropía en un mundo de materia ordenada para dar capacidad motora y pensamiento. Empezamos la aventura, abróchense los cinturones, viajamos al infinito.

Es un dilema interpretar y conocer el tiempo infinito con un tiempo infinitesimal, es más, supone una aparente coyuntura filosófica y matemática que nos permita con nuestra breve asimilación del tiempo llegar a un tiempo infinito pero lo contrario sería aceptar que todo acaba y parece que conociendo el Universo, o lo que podemos conocer, se pueda argumentar que algo en expansión se acabe cuando no aceptamos el fin, aunque siempre llega. Una contradicción en un ser humano que le lleva a querer llegar más lejos.

Como decía Antonio Machado, poeta de la generación del 98, de una forma clara y rotunda como avanzamos a pesar de que algunas cosas vayan más lentas y como abrimos caminos en nuestro avance:

*"**Todo pasa y todo queda,**
pero lo nuestro es pasar,
pasar haciendo caminos,
caminos sobre el mar….."*

Aunque las cosas pasan, otras vienen o la esperanza de las que vendrán sean mejores. Por eso estudiamos historia, por eso aprendemos nuevas experiencias y en el fondo somos aprendices porque el tiempo es breve para el ser humano lo que le da unas posibilidades limitadas para su desarrollo.

Comencé a escribir este libro el 24 de octubre de 2020, el día mundial contra el Cambio Climático, aunque también se celebran otros días mundiales como la Polio o internacional de las Bibliotecas, o el Día de la Naciones Unidas donde hay 193 países. Si bien la idea y fascinación por el tiempo siempre ha existido desde que somos pequeños, es una realidad que corre y aunque nos ilusiona también nos marca las pautas de lo que tenemos o debemos hacer.

En la ONU se acuerdan recomendaciones sobre la Paz, el desarrollo sostenible, el cambio climático, derechos humanos, emergencias, terrorismo, producción de alimentos y aquello que nos afecta a todos y se espera un tiempo en años para que se obtengan resultados que mejoren las propuestas. Es un testimonio de que el tiempo influye en todos a nivel internacional y de que sus consecuencias pueden ser adversas.

Sin duda, las bibliotecas han sido muy importantes como centro de almacenamiento y unificación del saber en los últimos siglos y donde se puede consultar, conocer, investigar y estudiar aumentando el conocimiento y formación de la sociedad. Es cierto que estas bibliotecas se están sustituyendo por la información acumulada en Internet a través de webs especializadas en todo tipo de conocimientos y llevando a casi todo el mundo la posibilidad de conocer lo que antes estaba reservado a unos pocos. Este conocimiento acumulado nos permite vivir en el mismo tiempo experiencias más enriquecedoras y llegar a lugares más lejanos.

Mi abuelo me decía que cuando era un niño que por los barrancos de la isla de Gran Canaria corría agua en abundancia cuando llovía. Ahora están todos secos y sin posibilidad de que vuelvan a su anterior condición por la acción del urbanismo y las edificaciones. Está claro que se ha modificado el entorno para adecuarlo al turismo y las necesarias construcciones de hoteles y apartamentos que es una forma de vida de casi un tercio de la población de la isla. Modificamos nuestro entorno y generamos nuevas condiciones ambientales del entorno que pueden ser perjudiciales para el desarrollo de la biosfera.

Sin embargo, el cambio climático siempre ha existido porque la vida fluye y el universo evoluciona entre fenómenos naturales y últimamente la acción de las personas con la tecnología y su acción en el entorno se ha acentuado su impacto de forma que nuestra sociedad se ha planteado tomar acciones para frenar su velocidad de degradación con energías renovables y economía circular, entre otras posibilidades de acción culturales y formas de vida más respetuosas con el medio ambiente.

En la base de que actuamos en nuestro entorno, nos guste o no, está claro que producimos un cambio que será positivo si somos capaces de ser eso que se dice positivos, en este caso con una acción social, o negativo como puede ser el efecto del cambio climático.

Todo lo que funciona o vive lleva un equilibrio que le permite crecer y adaptarse y es precisamente cuando ese equilibrio se va trastocando y modificando cuando se desencadenan los efectos que hacen estropear su situación y que en muchos casos producen efectos muy perniciosos y que desencadenan en una autodestrucción.

Por observarlo en un efecto devastador del que somos todos proclives a estar afectados, serían los cambios de aumento de temperatura en la Tierra que han producido un aumento progresivo de mayores zonas cálidas, por tanto, se produce una proliferación de mosquitos que transmiten enfermedades. Aunque pueda sorprender por su tamaño, el mosquito es el animal que más personas mataba al año, cerca de un millón al año, seguido del propio humano y luego las serpientes.

Pero luego están los fenómenos naturales de forma intermitente en el tiempo como los terremotos, cataclismos, huracanes, tsunamis que pueden ser muy destructores. Ni que decir tiene que con la pandemia mundial del COVID-19 somos conscientes de que un virus, enemigo invisible, es capaz de producir una devastadora destrucción de la vida. En agosto 2021 en todo el mundo más de 210 millones de infectados y más 4,4 millones de muertos quedando más de dos años para amortiguar sus efectos con vacunas que produzcan que la enfermedad no se siga transmitiendo de forma exponencial y aunque luego se equilibren pueda convertirse en un fenómeno similar a la gripe que también produce reacciones mortales.

Otro efecto a considerar es ver que somos vulnerables y que hay muchos efectos que afectan a la condición humana de forma directa con su entorno y su movilidad, tanto los efectos con patógenos como en la misma alimentación diaria, incluso con el agua y el aire que respiramos, en definitiva, que el cambio climático nos afecta directamente y eso que la medicina ha conseguido amortiguar los efectos nocivos con vacunas, tratamientos y operaciones quirúrgicas. Seguimos interpretando el equilibrio, el segundo principio de la termodinámica que dice que la entropía del universo tiende a incrementarse en el tiempo, y se establece la irreversibilidad de los fenómenos físicos, sobre todo se observa en los que producen transferencia de calor.

Llegados a este punto inicial ya vemos que todo fluye, se transforma, cambia de forma inexorable y tiende a aumentar la entropía. Bien, esto sucede, nos guste o no, es decir, que seguirá sucediendo y busca su equilibrio, lo que hace que algunas especies se desarrollen, muten, cambien y se adapten y otras como ya sabemos desaparecen.

Ni que decir tiene que el segundo principio de la termodinámica es de los más importantes de la física y que explica muchos desarrollos de la movilidad y la tecnología desde la revolución industrial del siglo XVIII en fábricas, motores, trenes, vehículos y aeronaves.

El primer principio de la termodinámica explica que la materia y la energía no se pueden crear ni destruir, sino que se transforman, y establece el sentido en el que se produce dicha transformación. Sin embargo, el segundo principio se refiere única y exclusivamente a estados de equilibrio. Toda definición, corolario o concepto que de él se extraiga sólo podrá aplicarse a estados de equilibrio.

La teoría del universo estacionario de mediados del siglo XX nos podría justificar el infinito, donde la disminución de la densidad del universo al expandirse se compensa con una creación continua de la materia. Puesto que se necesita poca materia para mantener constante la densidad del universo mientras este se expande, un protón al año en cada km³ del universo, esta hipótesis no se ha podido demostrar con hechos contrastados, pero puede ser una opción de la explicación de lo que ocurre. Tampoco nos debería extrañar que el origen del inverso estacionario se remonte al infinito en el pasado con una expansión exponencial.

Lo que se intuye es que vivimos en un universo cíclico, que se expande y se contrae periódicamente, entonces algunos agujeros negros podrían sobrevivir de un rebote a otro, llevando consigo una valiosa información sobre etapas muy anteriores al Big Bang. Todas estas teorías alimentan que el universo se conoce desde siempre y podemos presuponer que seguirá siempre, aunque en nuestro entorno notemos que estamos destruyendo el planeta y que el cambio climático es parte de nuestra evolución.

Pero en España en 2020 se gasta el 1,2% del PIB en Investigación y Desarrollo (I+D) y en algunos sectores casi lo mismo que se paga a un jugador de futbol de primera división cuando es la ciencia la que ha posibilitado que tengamos mayor bienestar, calidad de vida y nos permite disfrutar de cuestiones que no serían posible sin la investigación previa. Podrá aumentar al doble, pero seguirá siendo poco para acelerar los cambios necesarios en el corto plazo.

Tenemos que reírnos más. Es necesario para disfrutar de lo que tenemos y disminuir el stress y aumentar la empatía con otros, la psicología ha permitido entender ciertos comportamientos y cómo podemos ayudar a evitar enfermedades o tratamientos que sean una forma más adecuada para cada persona.

Casi la totalidad de instituciones educativas de todos los niveles debieron cancelar sus actividades presenciales durante la pandemia de 2020 para disminuir la propagación y sus consecuencias fatales. Según UNICEF, en mayo de 2020 aproximadamente 1.287 millones, un 90% del total de estudiantes del mundo, estaban afectados debido al cierre de instituciones educativas. Por ello, se han intensificado programas de aprendizaje a distancia y aplicaciones y plataformas educativas abiertas que las escuelas y los maestros pueden utilizar para llegar a los alumnos de forma remota y limitar la interrupción de la educación. Esto puede profundizar la crisis de aprendizaje global, e incrementar el número de estudiantes afectados por «pobreza educativa».

El cierre de escuelas impacta no sólo en los estudiantes, maestros y familias, sino con consecuencias económicas y sociales. En el corto plazo, el cierre masivo de instituciones educativas impacta económicamente en los grupos familiares con hijos en alguna etapa. Aumenta la dificultad a estudiantes con exclusión social, pobreza o alguna discriminación. También se ven afectados los proveedores de alimentos, de material y servicios relacionados con la educación o el cuidado de los niños.

Promulgamos tecnologías en auge como el internet de las cosas, la inteligencia artificial y la capacidad de solucionar las ineficiencias de la industria 5.0 pero esa vanidad no ha permitido solucionar la potencia de propagación por aerosoles de un virus invisible que ha puesto en entredicho la capacidad de defendernos de nuestros enemigos y que no siempre son el ser humano.

Pues son las propias limitaciones del entendimiento de la realidad y de la naturaleza humana por parte del humano lo que nos han conducido a no disponer de mecanismos adecuados para gestionar este tipo de sucesos; de algún tipo de ignorancia, o por la soberbia que produce el creer que la ciencia lo soluciona o que otros la harán.

Se sigue produciendo el cambio en el tiempo, es inevitable, eso es un dogma inexorable e incuestionable. El confinamiento y aislamiento social obligatorio nos hace reflexionar sobre la forma de evitar las reuniones presenciales si no son totalmente imprescindibles. Antes podríamos tener reuniones presenciales de 40 minutos estando antes en atascos de dos horas o viajando más de tres horas con la ilusión de vernos y sonreír lo que siempre era una aparente necesidad que nos hacía perder horas y días interminables. Incluso se ha impuesto e intensificado el teletrabajo en donde no es necesario estar físicamente sino a distancia con aplicaciones a través de Internet y se puede realizar la misma función, de forma más práctica y eficiente. De repente, nos encontramos con tiempo adicional para estudiar, leer libros, trabajar en ese asunto pendiente, escribir y reflexionar, incluso la investigación y la innovación aumenta. La historia tiene maravillosos casos que nos han cambiado la forma de entender el mundo. Esto le pasó a Newton en 1665 cuando una pandemia de peste bubónica obligó al cierre de la Universidad de Cambridge y se mudó al campo donde resolvió de forma más productiva, con más tiempo y más reflexivo, se dedicó de forma más intensa a sus agraciadas teorías de la mecánica con el "calculus" y análisis matemático y descubrió su famosa Teoría de la Gravedad. Al igual que Shakespeare que escribió obras maravillosas y creativas en 1606 con 42 años, con otra pandemia y experiencia y capacidad creativa, tuvo que cerrar su teatro The King's Men, mientras escribió algunas de sus obras de teatro más famosas, como "Macbeth", "King Lear" y "Anthony y Cleopatra". También, se inspiró Giovanni Boccaccio, quien en 1348 huyó de Florencia en medio de una peste bubónica y se recluyó en un campo toscano. En esos días de encierro, Boccaccio escribió su obra maestra, "El Decamerón", una colección de novelas sobre amigos que se cuentan historias, algunas de tono erótico, mientras sufren juntos una cuarentena. A pesar de la desgracia de la pandemia, que mató a miles de personas, se produjeron fenómenos beneficiosos que han cambiado la sociedad actual gracias al poder creativo desarrollado con tiempo, esfuerzo y dedicación.

Nuestro enemigo es invisible y actúa de forma indiscriminada y silenciosa. El coronavirus tiene una dimensión entre 0,1-0,5 micrómetros, una milésima de un milímetro, o menor aún el virus Zika está en 0,045 micrómetros, este último transmite una enfermedad fundamentalmente a través del mosquito y ambas pueden producir asintomáticos con algunos efectos a largo plazo, pero el segundo virus actúa en embarazadas produciendo la microcefalia y malformaciones congénitas en los recién nacidos. Se identificó por primera vez en Macacos en 1947 aunque seguramente llevaba tiempo actuando y ya está actuando en casi todos los países, ambos han conseguido invadir de forma rápida y sin posibilidad de frenarlo por la interconectividad que ya tenemos en esta sociedad. Para ambos virus no había tratamiento en el año 2021 y sus efectos fueron demoledores y muy perversos, con la ciencia conseguimos dominarlos, pero aparecen otros que mutan o se manifiestan en nuevas formas.

La teoría del pintalabios rojo dice que durante las crisis aumentan las ventas de este producto porque es un lujo asequible y tenemos de demostrar nuestro estatus con productos de lujo de alcance, si bien en esta crisis sanitaria están las mascarillas que hace que al ser utilizada se tapaba la boca. Pues, otra vez más las estadísticas afirman que se han vendido más pintalabios durante este periodo superando a un 200% respecto a periodos anteriores y es un sustituto de esa necesidad de buscar un bienestar a la situación de crisis. En este caso en productos permanentes para que no se van con la mascarilla, un elemento adicional. En otras crisis económicas y guerras ha ocurrido lo mismo, al final el comportamiento es previsible siempre que la cultura y costumbres se sigan manteniendo y tengamos principios sociales similares, aunque estos vayan adaptándose con el tiempo.

Otro principio que se puede observar es la forma recurrente con la que el clima económico impacta de manera clara en el comportamiento de compra de los consumidores. Este gasto compensará otros que pueden ser mayores como vestidos, relojes u otros complementos de mayor valor. Esto se demostró en la Gran Depresión del 29, las guerras mundiales, los atentados del 11-S o la crisis económica de 2008, pero más curioso es que también se cumple cuando hay tiempos de bonanza y aumentan las ventas del mismo producto. El fenómeno se observa al aumentar el estado de ánimo y la valoración personal hace que consumamos muchos más productos.

Lo que conocemos se termina, eso lo vemos, la muerte llega, aunque no lo programemos para todos los seres vivos, es el fin de nuestra existencia de lo que conocemos y comienza un proceso que desconocemos de nuestra consciencia, pero si hay ese final finito, aunque sigue existiendo la materia, los átomos incluso formarán parte de otro ser de alguna forma.

Podemos seguir a un deportista con su entrenamiento en tiempo real a través de internet con sistemas de alarma y envío de automático de su posición, al igual que localizamos un vehículo o una aeronave con diferentes aplicaciones de seguimiento. Estamos cada vez localizados con nuestros móviles e incluso se resuelven asesinatos gracias a la información que reporta el móvil que indica donde hemos estado en cada instante y de forma precisa. Aunque plantea dilemas éticos pero el estar localizados con chips implantados está ya en la mesa para conseguir que personas que tienen problemas puedan recibir ayuda de forma inmediata o conocer nuestras constantes vitales para evitar enfermedades instantáneas que se manifiesten con poco tiempo para su resolución.

Luchamos contra el tiempo, pero formamos parte de ese caminar y no podemos liberarnos hasta que todo deja de funcionar, o por lo menos lo vital, porque a nivel microscópico la materia continua su evolución y no se para y sigue su ciclo. A medida que analizamos más el reciclado conocemos nuevos misterios de la materia y sus propiedades y capacidad de regeneración.

A las personas les gusta mantener su estatus social y así aumentar el ánimo para cuestionarse menos la necesidad de un cambio en su forma de vida, incluso cuando el nivel de ingresos disminuye como consecuencia de una crisis. Para ello se compran productos que no suponen un gran gasto y que mantienen de forma sustituta la situación anterior. Buscamos una seguridad, aunque sea irreal y ficticia, pero nos da confort y tranquiliza, esa seguridad que nos permite seguir avanzando en el tiempo finito que nos ha tocado vivir.

Seguimos preocupados en nuestra vida, de asuntos banales, aun sabiendo de nuestra vida finita porque somos seres de costumbres y de sentimientos que nos condicionan en el devenir diario, sólo tenemos que dejarnos llevar.

# CAPÍTULO 2. LA SOSTENIBILIDAD Y LA ECONOMÍA CIRCULAR

Para Jonn Donne (1572-1631), poeta metafísico, época de la reina Isabel I:

Meditación XVII. Ningún hombre es una isla (Las campanas doblan por tí)

*"Ningún hombre es una isla*
*entera por sí mismo.*
*Cada hombre es una pieza del continente,*
*una parte del todo."*

Todos formamos parte de una sociedad que interactúa y de la que no podemos aislarnos porque necesitamos de ella desde nuestro nacimiento con total dependencia hasta cualquier fase del desarrollo y por tanto la movilidad es consustancial a nuestra condición humana y nos ha identificado como capaces de vivir de forma especializada porque no todos hacemos lo mismo y entre unos y otros podemos ofrecernos las condiciones para vivir en sociedad, para prosperar y mejorar las condiciones de vida. Esa interdependencia vital nos lleva a progresar y a su vez a acelerar los procesos llegando en el siglo XXI a generar mayor entropía con más residuos y materiales necesarios para reciclar.

La sostenibilidad, palabra repetida con insistencia conjuntamente con la digitalización y la innovación en este siglo XXI, se configura en la realidad empresarial y en todos los órdenes políticos y sociales en los que nos queramos fijar. Se trata de predecir y observar como los sistemas biológicos estarán productivos con el paso del tiempo, se vuelve a incidir en el equilibrio y la interrelación entre los ecosistemas, buscando un bien común que no beneficie a una persona, sino que produzca mejoras en el largo tiempo en la sociedad.

*"Somos todo lo que nos queda. Tenemos que ser capaces de seguir unidos, pase lo que pase. Si no nos tenemos unos a otros, no tenemos nada",* Susan E. Hinton, en "Rebeldes".

La ampliación de la sostenibilidad tiene su fundamento en la ética y la ciencia ambiental donde se tiende a la mejora del entorno con acciones que disminuyan los efectos considerados negativos en la naturaleza, aplicando acciones correctores incluso tecnología y ciencia del reciclado, gestión de residuos y nuevas formas de energía.

Debido a que la población mundial ha crecido de forma exponencial, acentuándose a partir del siglo XXI y duplicándose cada 50 años, y cada vez en mayor aumento, superando los 7.600 millones, esperando llegar a 9.700 millones en 2050, esto produce una mayor capacidad parar generar y desarrollar las industrias que a su vez acelera la degradación y nos hace tener más capacidad de destrucción del medioambiente. Es más acentuado en países en vías de desarrollo al no disponer de sistemas que puedan aminorar los efectos negativos, por ello el impacto es cada vez más notorio.

La sostenibilidad tiene diferentes formas de estudio a través del medio ambiente, la economía, la política y sus aspectos sociales. En realidad, afecta a todas las ciencias por su impacto en la biosfera y geosfera llegando a ser lo que más preocupará a lo sociedad en los próximos años. Cada ámbito de aplicación necesita de unas acciones que puedan ayudar a controlarla. En cada caso se actúa sobre diferentes elementos como la biología, la riqueza, el poder político o la educación y la concienciación.

A través del consumo responsable y con productos que impacten menos en el medio ambiente se están consiguiendo ventajas como la separación de residuos o reducir las bolsas de plástico por indicar dos acciones básicas. También se generan nuevos puestos de trabajo que ya superan al 3% para actividades relacionadas con el medio ambiente y en progresión donde en las empresas se dedican cada vez más recursos a su consideración en obras, servicios y productos que se fabrican.

La renovables están siendo un bum del fenómeno de alternativas de la energía con energía solar y eólica fundamentalmente que se traduce en energía eléctrica sostenible al producirse con Sol y viento y ayuda al progreso necesario en los equipos e iluminación actual. El efecto es reducir las emisiones de carbono y mitigar el efecto invernadero que está produciendo parte del cambio climático. Pero no seamos ilusos y saber que las palas y las células solares hay que fabricarlas y se convierten en residuos al cabo de unos años, al terminar su vida útil, por lo que también estas energías alternativas alteran el medioambiente y no podemos decir que sean inocuas a medio plazo.

Se debe vigilar que los supuestos empleos verdes pueden llegar a no serlo porque producen daños ambientales que no se han considerados cuando el volumen era pequeño pero que al intensificase se vuelven parte del problema, se entra en un bucle de crecimiento que se autodestruye de forma progresiva. La recuperación, desmantelamiento se está convirtiendo en un trabajo poco cualificado y de baja consideración y valor por muchas empresas por la falta de retornó económico por lo que producen que se haga de una forma poco saludable y tampoco se consiguen los resultados esperados, las normativas y exigencias se acentuarán en los próximos años y será un elemento para revertir la destrucción del entorno y buscar un equilibrio que retorne el material a la cadena productiva.

La economía circular, concepto relacionado con el reciclado y la recuperación de los productos una vez han finalizados su vida útil o han sido consumidos en el caso de alimentos. Busca reducir los desechos y buscarles una nueva integración en la cadena de valor de la producción de forma que se produzca en mínimo indispensable de residuos que no se pueden utilizar y que con activaciones físicas, químicas o biológicas se puedan integrar para permitir el ciclo y recirculación de los materiales. Pero tenemos que tener cuidado porque se generan procesos artificiales para su descomposición e integración que pueden tener efectos secundarios, es decir, pueden convertir la aparente recirculación en un efecto pernicioso para la salud o para otras especies que a su vez aumenten su incidencia con otros cambios no esperados. Al final, el ecosistema tiene un equilibrio que si se descompensa produce efectos que lo contrarrestan y no siempre son mejores que el original.

Dicho la anterior, está claro que la economía circular y la reconversión industrial de varios sectores está produciendo una necesidad productiva como es el reciclado de aeronaves, una industria que ha crecido a partir de los años 70 y que comienza a tener aviones al final de su vida útil que han cumplido con su capacidad de transportar y ya se han quedado obsoletas o con una tecnología menos sostenible.

Pero la economía tiene efectos negativos como la inflación que subió en 2022 de forma alarmante con una escalada de precios. La tasa de variación anual del IPC en España en julio de 2022 fue del 10,8%, increíble. Las familias se empobrecen y aumentan los conflictos sociales, lo que lleva a plantear economías sostenibles y nuevos negocios.

Nuevas formas de pago como las criptomonedas, un activo digital cifrado con altísimo riesgo inversor, promete una vida sin esfuerzo y la riqueza fácil, una quimera del marketing, porque su valor está en función de la oferta y demanda. Sólo existe en un monedero digital y no están controladas por ninguna institución. Más cambios, pagaremos todo con monedas virtuales. También se ha llegado al punto donde el coste de mantenimiento es mayor que su propia capacidad de operativa y se necesitan desmantelarlos de forma que se recicla en volúmenes cercanos al 96%. Esto genera también un negocio para los equipos de segunda mano que se pueden recertificar y utilizar en modelos que están operativos con lo que se generan nuevos puestos de trabajos que no son sólo el propio desmantelamiento. Una nueva industria que está creciendo en todos los sistemas productivos de productos como los vehículos, televisores, mobiliario, móviles, consolas, electrodomésticos, entre otros.

Para conseguir esto está la consideración ética del civismo y la responsabilidad ciudadana que es mayor en países asiáticos lo que les ha permitido controlar mejor la pandemia del COVID-19 en la segunda ola y posteriores al tener una mayor capacidad de obediencia y adaptación a las normas sociales impuestas por un régimen político autoritario. En Europa estos valores son más relajados e impera la libertad de acción y es más difícil convencer del bien común que se logra con educación y cultura sostenible en las nuevas generaciones, incluso se llega a crear impuestos contra el que contamina o multas que generan ingresos a la Administración pero que no siempre resuelven el problema de fondo para evitar la contaminación.

Pero el término "economía circular" no es reciente y es de 1980 (Pearce y Turner, en su trabajo sobre economía de recursos, 1990) se utilizó para describir un sistema cerrado de las interacciones entre economía y medio ambiente. Se basa en aplicar las 3R (reducir, reciclar, reutilizar), donde los modelos anteriores consistían en un producto y un residuo del que se desprendían porque dejaba de tener valor económico. Se pueden generar ahorros en costes de materiales si se consigue reciclar de forma que sea un proceso que en volumen y capacidad lo haga con un coste que sea menor que la propia materia prima del mercado. Aquí es donde hay que aplicar la innovación e investigación para conseguir esos procesos que aseguren una viabilidad del proceso y sean competitivos para las empresas. Está en el valor económico del producto una vez deja de cumplir su función para la que fue diseñado o el alimento que siendo adquirido, luego el residuo orgánico se puede aprovechar para otros efectos económicos. Sin un valor económico difícilmente entrará en la cadena de producción y debe ser cuantificado para ofrecer el servicio y buscar actores que se comprometan con su ejecución.

De igual forma, se buscan consumos colaborativos donde se premie a los clientes que devuelven los residuos y se le de alguna ventaja que ayuden a la circulación y su aprovechamiento una vez haya llegado al final de vida, con eco puntos que se puedan cambiar por regalos o consumibles o ventajas en grupos sociales.

Es relevante la necesidad de la segregación y separación de los materiales y residuos sólidos para poder clasificarlos y realizar procesos industriales de recuperación y uso en la productividad. Cada vez más, se innovan nuevos procesos bioquímicos que ayudan a la degradación y reconversión hacia aquello que nos permita su nuevo uso.

Un nuevo paradigma se está gestando donde se enfatiza en los principales recursos adquiridos al elegir proveedores que ofrezcan materiales de mejor desempeño, virtualización de materiales, recursos que permitan regenerar y restaurar capital natural y recursos obtenidos de clientes. Las empresas productoras se diferenciarán y generarán valor adicional al ofrecer piezas o elementos con materiales de reciclado o que respeten de forma más adecuada el medio ambiente.

Se seguirán creando actividades clave centradas en aumentar el rendimiento a través de una buena gestión interna, un mejor control del proceso, modificación de los equipos y cambios tecnológicos, compartición y virtualización, y mejorar el diseño del producto, prepararlo para materiales más respetuosos. La capacidad de adaptación marcará la capacidad y posibilidad de llegar a ser más sostenibles y conseguir mejores aceptaciones sociales y de venta del producto, es una carrera nuevamente hacia la supervivencia de la empresa y una necesidad que se vuelve prioritaria cada vez más.

Incluso la gestión de los datos se ha vuelto sostenibles con un servidor centralizado y optimizado que ahorre capacidad y energía puesto que las empresas son en su mayoría virtuales, están en la nube y se interrelacionan a través de Internet, es necesario una capacidad que permita esta interacción, reduciendo su generación de energía y buscando alternativas en la digitalización para procesos más ágiles y sencillos.

Por todo ello, se ha emprendido una lucha contra la eliminación de plásticos con sustitutos de otros materiales para los envases y bolsas o las baterías para los vehículos eléctricos que se deben reciclar. Son alternativas que permitan aminorar la capacidad de generar residuos nocivos o que permitan descomponerlos en menos tiempo, es la lucha contra la descomposición de la materia y por tanto contra la destrucción del planeta.

Con todo ello, será necesaria una estrategia global que promueva una conciencia común sobre la importancia de cambiar nuestros hábitos para que dejen de resultar destructivos con el medio ambiente y comiencen otros procesos más favorecedores, pero siempre buscando el retorno de su ventaja económica para conseguir también una sostenibilidad económica y llegar otra vez más al equilibrio que permite seguir respetando el entorno en las próximas generaciones con mejores condiciones.

Dada las dificultades mundiales que se ponían de manifiesto entre unos países y otros, los Objetivos de Desarrollo Sostenible, ODS, se marcaron y enumeraron en 17 objetivos en la Organización de Naciones Unidas, ONU. Fue el 25 de septiembre de 2015, cuando los líderes mundiales adoptaron un conjunto de objetivos globales para erradicar la pobreza, proteger el planeta y asegurar la prosperidad para todos como parte de una nueva agenda de desarrollo sostenible. Cada objetivo tiene metas específicas que deben alcanzarse en los próximos 15 años. Ha sido importante su difusión y el compromiso mundial que están tomando muchas empresas para entre todos cumplir y mejorar, obteniendo un mejor planeta en evolución. Sin duda, un paso y conciencia mundial para identificar y buscar elementos comunes sobre los que todos los países deben trabajar y mejorar para conseguir mejoras en las personas, entorno y forma de vida.

Sin embargo, una dificultad de los ODS es que son muchos objetivos a nivel mundial con muchas metas propuestas en apenas 15 años y no contemplan mecanismos para seguir y responsabilizar a los gobiernos del cumplimiento de las metas. Como los gobiernos no tienen que rendir cuentas, las responsabilidades y resultados se difuminan y se priorizan otros objetivos de la economía, es decir, no hay mecanismos que obliguen a su cumplimiento salvo algunas leyes en países desarrollados para la gestión de residuos, la buena predisposición y responsabilidad, que no es poco, pero se ha visto insuficiente para alcanzar metas ambiciosas que consigan resultados palpables que eviten al cambio climático o el inadecuado tratamiento de residuos. Esto es especialmente preocupante en los países pobres donde las instituciones son muy débiles y apenas pueden influir en su cumplimiento y ser parte de la solución, por falta de recursos o por incapacidad de acometer cuestiones que les desbordan en su capacidad de acción y tampoco disponen de la capacidad económica para favorecer y promover acciones que mejoren las ODS.

Pero no nos engañemos, la economía circular es un invento de la naturaleza pues todo se degrada y se reconvierte con el tiempo y se recicla para seguir su ciclo vital. La misma naturaleza ya tiene procesos naturales que permiten degradar y reconvertir elementos. Lo que se busca en la sociedad del consumo es acelerar estos procesos para que nuestra conciencia y la visión del medio ambiente cuadre con la realidad de que la industrialización contamina y que por tanto debemos aminorar sus efectos en el corto plazo puesto que aceleramos los procesos para saciar la capacidad de consumo y el crecimiento demográfico que busca nuevas fuentes que le den mejores condiciones de vida.

La sostenibilidad del entorno espacial relacionada con las nuevas tendencias del turismo espacial en iniciativas de Blue Origin o SpaceX, se plantea con una visión más elaborada de nuestro impacto en los medios de transporte. La energía para vencer a la gravedad y conseguir la velocidad de escape es mayor y por ello se requieren nuevas fuentes que permitan amortiguar sus efectos contaminantes. Se abre el espacio a los viajes turísticos e irán acomodando sus costes al igual que ocurrió con el comienzo del transporte aéreo comercial llegando al bajo coste y la competencia entre países.

Todos queremos tener un móvil, o incluso varios, y esto necesita de circuitos electrónicos, satélites, por tanto, de cohetes, cableado para las comunicaciones y una infraestructura de comunicaciones como son antenas, fibra óptica y un conjunto de elementos tecnológicos aparte del software necesario. Por ello, no es tan sencilla la sostenibilidad porque para que un sistema funcione existe una interrelación de sistemas incluido en este caso de la red de Internet con sus nuevos desarrollos que hace que la transformación de la naturaleza se acelera y se hace inevitable para el confort y posibilidades de crecimiento económico.

De hecho, en el mundo hay más móviles que personas y más del cincuenta por ciento utiliza Internet, con unos cincuenta millones de toneladas de basura electrónica en 2021 que equivale al peso de todos los aviones jamás construidos y tan sólo se reciclan aproximadamente un 20% de esos residuos.

La automatización y los robots intensifican su implantación en las industrias donde la tecnología posibilita el trabajo de precisión o de forma continua sin problemas sociales derivados de la conducta humana sobre todo es llamativo múltiples tareas repetitivas que son mejor ejecutadas por robots, esto nadie lo discute y será cada vez más habitual.

Evidentemente los sectores empresariales se irán redimensionado incluso aparecerán algunos que casi no son ahora sino teorías. El bienestar y la forma de ver con realidad virtual y aumentada nos harán viajar a lugares y generarán sensaciones antes no conocidas, incluso experimentar con imágenes programadas que nos trasmitirán olores y sabores de lugares lejanos. Recordemos que no hace mucho, en el siglo XVIII, se creía en la teoría de la generación espontánea donde se pensaba que de la materia orgánica en descomposición se producían seres vivos, hasta que Louis Pasteur, experimentó para probar que los organismos se originaban sólo de otros organismos. Nuestra visión de la realidad y conocimiento va mejorando y permite adaptarnos con más capacidad de interactuar.

Algunas bacterias nos ayudan a digerir la comida, destruir células causantes de enfermedades y suministrar diferentes vitaminas al cuerpo.

Las bacterias también se utilizan como ingredientes y forman parte de alimentos saludables como el yogurt y el queso. Por otro lado, no sólo son ventajas, y las bacterias infecciosas se reproducen rápidamente dentro del cuerpo y pueden provocar enfermedades.

Como ya sabemos por la pandemia mundial de 2020, los virus son agentes infecciosos que necesitan de un organismo vivo para multiplicarse, es decir, parásitos. No son células, pero infectan a todo tipo de organismos vivos: animales, plantas, hongos, bacterias y protozoos, ¡hasta se han encontrado parasitando a otros virus!, por si fuera poco. Son tan pequeños –100 nanómetros de media que no pueden observarse con el microscopio óptico, sólo cuando se inventó el microscopio electrónico, en 1931, pudimos tener una imagen de ellos. Tienen una cubierta de proteína y en el interior material genético ADN o ARN. Dentro de un ser vivo son capaces de multiplicarse a gran velocidad, aunque no tienen células ni metabolismo propio como los seres vivos, pero son capaces de destruirlo como sabemos que ocurre con el VIH, hepatitis C, SARS, Covid-19.

Mientras todo se construye y crece en velocidad, la formación continua y la educación en valores darán el equilibrio de control necesario para que podamos seguir avanzando sin perder la necesidad de una sostenibilidad cada vez más acuciante y prioritaria.

Sin embargo, la sostenibilidad puede ser insostenible si no somos capaces de equilibrar las reacciones químicas que se producen puesto que estas se aceleran por el crecimiento de la población y de los procesos productivos. Alterando como hemos indicado de forma progresiva el entorno natural. Entendamos el vocablo natural como aquello producido sin la intervención humana y que sigue su natural proceso de descomposición y transformación. Pues esa situación la que nos da el diferencial del tiempo para conocer si la degradación nos hace perder propiedades que indudablemente alteran los seres vivos e incluso los materiales.

Por ello, la economía circular no es tan sencilla como dibujar un círculo que gira y todo vuelve a funcionar, como si la recuperación sea igual y se obtengan los mismos productos, pero la realidad es que hay alteraciones, impurezas, reacciones diferentes que dan productos distintos.

Lo que ocurre es que el reto ambiental y las crisis económicas generan ayudas públicas que se utilizan para hacer negocios basados en la concienciación ambiental afectando a sectores agroalimentarios en mayor medida en un 20% seguidos del textil y la moda en un 10%, es decir, utilizar recursos renovables o adquirirlos de forma ética. Convertir basura con tratamiento en materia prima, como es el caso de la transformación de residuos sólidos urbanos no reciclables en metanol para materia prima de plásticos y biocombustibles.

Nuevos negocios como hacer camisetas a partir de las cuerdas de poliéster de las raquetas de tenis o la de obtener de reciclados de la industria las aleaciones de aluminio para coches eléctricos, cientos de aplicaciones que serán cada vez más habituales y nos preparan para formar parte de la cadena circular de la producción, reciclado y generación de materias primas del futuro.

# CAPÍTULO 3. LA MOVILIDAD CONFINADA

La única forma de parar el avance de la pandemia COVID-19 fue reducir la movilidad, el distanciamiento social y la higiene de manos, algo aparentemente básico y sencillo, aunque esto choca contra los comportamientos sociales de relaciones que tenemos en nuestra economía. Está claro que todo cambio supone una oportunidad como está siendo la intensificación de las videollamadas o la reducción de viajes no esenciales a cambio de utilizar el tiempo para otras tareas, tal vez incluso nos hemos vuelto más productivos. El repunte de la digitalización con un fuerte incremento de las conexiones por internet con el teletrabajo ha permitido devolver posibilidades a zonas despobladas, aunque la tecnología tiene que seguir conectando con satélites y sistemas plataformas aéreas tipo HAPS que permitan obtener buena conectividad y llegar a todos los rincones del planeta. La robótica sigue imponiendo la automatización de tareas rutinarias y repetitivas que hacen con más rapidez, sin quejarse y sin sindicatos que soliciten incrementos salariales de los puestos de trabajo robotizados.

Dejando lo penoso y traumático de una pandemia mundial, hay cambios que se están viendo intensificados como el uso de relaciones a través de internet, el reciclado, las comunicaciones, la esencialidad de la medicina y el desarrollo de la ciencia y tecnología. La reducción de movilidad hace disminuir la producción y construcción, el comercio internacional se ve afectado de forma abrupta con una caída sin precedentes del turismo, perjudicando a la hostelería y restauración y ocasionando una cadena de efecto sobre negocios pymes que no pueden adaptarse a la falta de clientes, y por tanto ven disminuidos sus ingresos. La no movilidad reduce la capacidad de actividad económica en un alto porcentaje porque incluso los negocios de internet necesitan de las acciones físicas para el transporte, la interacción o el intercambio de productos o servicios.

Paradojas de la vida, cuanto más nos podemos mover y desplazar con trenes, vehículos, aviones, barcos e incluso drones se nos presenta un diminuto elemento de la naturaleza, un virus, y creando una pandemia mundial hace que tengamos que estar confinados, y aislados para evitar la propagación rapidísima que produce y que afecta a la vida creando mutaciones y efectos persistentes en el organismo, incluso millones de muertes. Falta incluso cuantificar los efectos secundarios en el organismo que se producirán en los próximos años como consecuencia de los efectos de los virus.

A nivel individual, la movilidad reducida, afectada por pérdidas funcionales anatómicas o deformaciones esenciales, en grado igual o superior al 33% que dificulten el movimiento que sería habitual de una persona sana. Pues eso parece que se produce en una pandemia, una reducción de la movilidad para evitar el contagio y producir otras complicaciones en el organismo o ser vector de transmisión a familiares o amigos.

La nueva situación fomenta el transporte individual frente al colectivo para evitar los contagios y de alguna forma genera un individualismo producido por la necesidad de aislarte para evitar el incremento de contaminación por la proliferación de coches hay que buscar alternativas de combustible como eléctricos o hidrógeno. Esto ha dado otro impulso al desarrollo de los conocidos drones que ya se comienzan a utilizar para transporte de mercancía y trabajos de todo tipo incluidos vigilancia o inspección de mantenimiento. En 2023 comienza la aplicación de la regulación del U-Space, posibilita volar en espacios destinados al transporte con drones.

Sin embargo, la movilidad es necesaria para los seres vivos y necesitamos movernos con una buena nutrición y realizar el ejercicio físico continuo y la vitamina D que activa el Sol para fortalecer los huesos, de forma que ayude a mantener nuestros músculos en estado adecuado, por ello la falta de movilidad tiene un efecto pernicioso, nos enferma y produce resultados nocivos.

En 2022 hace 53 años que el hombre llegó a la Luna, 22 años desde la construcción de la estación espacial internacional y diez desde el comienzo del aeropuerto internacional de Teruel, LETL/TEV, el mayor centro de estacionamiento, mantenimiento, reciclado de grandes aeronaves e innovación de Europa donde se desmantelan grandes aeronaves para la necesaria reconversión aeronáutica y se aplica la economía circular en el transporte aéreo. Un cambio desde que apenas hace 100 años comenzó la aviación comercial y experimentar una evolución creciente que la pandemia mundial ha producido caídas de pasajeros de hasta un 90% llegando en periodos a impedir los vuelos para evitar contagios con los movimientos de las personas.

Sin duda, las crisis son cambios bruscos e inesperados que producen oportunidades para conseguir un equilibrio y genera otras necesidades que hay que identificar. La vulnerabilidad del ser humano ha quedado en descubierto con un virus que hace que nos planteemos una defensa como antes en las guerras o en enfermedades que se han superado y eran grandes calamidades. La capacidad de respuesta no siempre es previsible y las soluciones se complican cuando van a contrarreloj, es como si te persigue un leopardo y debes correr y buscar una solución para conseguir que no pueda hacerte daño. La solución tiene que ser buscar un arma o un escondite porque corriendo nos gana. A pesar, de los adelantos científicos sigue existiendo la incertidumbre y muchos factores incontrolados por el ser humano como es incluso la propia muerte, aunque se curan enfermedades hay muchas otras desconocidas que siguen produciendo estragos.

No podemos predecir todos los efectos, aunque la ciencia cada vez tiene más evidencias para conseguir predecir fenómenos posteriores en base a datos y estadísticas de elementos, son tendencias basadas en leyes como la órbita de los planetas o los movimientos de según ciertos parámetros definidos. Por ello, sabemos que hay hechos que ocurrirán y otros que sabemos que podrán ocurrir. Incluso sabiendo que ocurriría no siempre se dispone de la solución o no se dimensionan de forma adecuada las posibles consecuencias.

La ausencia de movilidad urbana reduce de forma alarmante el turismo de masas del que hay zonas que viven de esa economía y produce un parón en medios en ciudades como es el taxi, autobuses, trenes y entornos relacionados con el transporte. Se mencionan las zonas despobladas y se vuelve a plantear el distribuir a la población hacia un contacto más directo con la naturaleza evitando grandes urbes poco humanizadas.

Toda la información y conocimiento exterior y la capacidad de movilidad lo asimilamos y captamos con el cerebro, al igual que el Universo, es un órgano enigmático y el más complejo con más neuronas que galaxias y una gran capacidad de adaptación, es el que nos permite vivir. En los últimos años, se ha conseguido conocer más de él que en el resto de la historia de la humanidad, es un síntoma de la eficiencia de los sistemas del conocimiento actuales que nos permiten transmitir e indagar en estructuras microscópicas antes totalmente desconocidas como era el cerebro que nos permite pensar, razonar y decidir las estrategias a futuro que tenemos que hacer. Es maravilloso que este órgano sea el responsable de nuestro éxito y de nuestro conocimiento de entorno y el que nos permite relacionarnos y conocer nuestro entorno. Nos permite curar enfermedades, construir acciones y naves espaciales, ayudar a los demás, defender derechos, comportamientos éticos y sociales aceptados por todos, establecer leyes, gobernar, dirigir, y en definitiva todo lo que una persona sería capaz de hacer de forma razonada incluso involuntaria en base a actos reflejos aprendidos. También tiene una parte diabólica y perversa en algunas personas puesto que se comenten suicidios, violaciones y guerras debido al efecto maligno y desviado del interés de algunos en unas conductas reprochables y tremendas, son en proporción poquísimas personas, a veces enfermas o que les funciona de forma inadecuada generando impulsos maquiavélicos que producen efectos devastadores en la humanidad como son las guerras, la envidia, el rencor, el odio y u sinfín de efectos negativos que destruyen convirtiendo en personas nocivas, algunas son capaces de disimular y engañar de su efecto malvado. Por ello, nos protegemos y buscamos formar de evitar los males en el mundo de enfermedades y personas que actúan de forma que perjudican a otras.

Pues de esta forma el cerebro tiene neuronas que se continúan generando toda la vida para permitirnos adaptarnos a nuestro entorno y que sea posible la vida. Es cierto que unas personas tienen mayor capacidad y sensibilidad que otras para adaptarse, es lo que hemos llamado inteligencia superior, si bien podemos disponer de una capacidad increíble para sobrevivir y buscar soluciones a los problemas cotidianos. Teniendo este potencial lo tenemos que cuidar y alimentar tanto físicamente con nutrientes como de conocimientos y de conductas que lo moldeen a una forma de actuar eficiente, solidaria, sostenible y permitirme tecnológicamente adaptado a los tiempos que nos han tocado vivir. Ahora hay un nuevo peligro con una sobreexposición a la información de internet que nos está llegando de forma masiva a través de redes y sistemas cibernéticos.

Pero a pesar de los avances en neurociencia todavía no hay una teoría que explique el funcionamiento general de nuestro cerebro y su forma de actuar, aunque se conocen sus neuronas y zonas con diferentes funciones, es muy complejo y tiene un gran potencial con esa capacidad flexible que le da la propiedad de ser el mejor sensor de internet de las cosas que conocemos.

La tecnología produce cambios que nos ayudan en una transición mejor al entorno facilitando y potenciando esa capacidad de adaptación, posibilitando una movilidad mejor, así como un adecuado y facilitador entorno en hogares, oficinas y centros de ocio con mayor confort y opciones de lugares para estar. De igual forma, la cultura nos ayuda a comunicarnos, sentir y disfrutar del arte, la comunicación y disfrutar de nuestra naturaleza.

El desarrollo de la ciencia posibilita manipular genes con procesos artificiales y esto éticamente debe hacernos reflexionar porque podemos cambiar rasgos biológicos, pero también usarlo para evitar ciertas enfermedades. Si se pudiera regenerar el tejido neuronal se podrían recuperar demencias o ciertos deterioros en la capacidad del ser humano. Ya se pueden obtener tejidos de plásticos y la investigación sigue siendo vital para seguir mejorando la adaptación y evitar los contratiempos que se presentan.

Pero lo que queda claro es que somos seres sociales y necesitamos la relación para nuestro desarrollo, nuestro potencial de sociedad que aprende con la división de tareas y la especialización entre diferentes progresando en el conocimiento común y generando un mayor potencial que si estuviéramos aislados. Esa visión social nos da un potencial mayor para avanzar en el conocimiento de las ciencias y nuevas tecnologías.

Nuestro lóbulo frontal nos permite establecer objetivos, metas, tomar decisiones, es el centro ejecutivo que nos ayuda a ser eficientes y planificar para conseguir fines estratégicos que nos podemos plantear. Esa capacidad es importantísima para llegar a nuestro desarrollo como persona y como sociedad y es la única que nos hace progresar de forma controlada y meditada previamente. Luego están las adaptaciones en función de los datos procesados y los cambios que se van produciendo en el tiempo, el equilibrio que todos buscamos para avanzar y movernos.

Sin duda, nuestras emociones vienen del cerebro y nuestra visión del mundo se produce en nuestra cabeza. Es fácil acordase que pasó el 11S el día de los atentados, aunque nos cuesta recordar lo que hicimos hace unos días. Las emociones impregnan todo e influyen en nuestras decisiones. La angustia que trae la pandemia produce estrés lo que afecta a nuestro estado de ánimo y por tanto a la conducta y la capacidad de tomar decisiones, pudiendo aparecer riesgos psicológicos por las condiciones de confinamiento, soledad e impotencia de control de la situación.

Debemos reflexionar, volver a la naturaleza y la meditación y recuperar la capacidad de vida interior que nos da un arma para afrontar las calamidades que se afrontan en la vida cotidiana. Puede ser diferente, aunque los que nos distingue es la capacidad de adaptación y buscar la forma de asegurar nuestro desarrollo y conseguir una vinculación con nuestro entorno que se adapta a las necesidades y circunstancias, por ello no debemos pensar que todo está perdido, sino que una transición hacia nuevas posibilidades de desarrollo y de entendimiento.

Fue en el año 2020 cuando se cerró la actividad no esencial, se confinaron ciudades, se cerraron y redujeron aforos en bares, restaurantes, gimnasios, clubs nocturnos, discotecas, nos volvimos hacia una reducción de la movilidad como nunca antes se había experimentado durante varios meses, una tras otra ola y se repetía con mayor peligro en la segunda y en la tercera, en un camino hacia adelante y esperando la vacuna que tardó en llegar y que no sabemos si será la solución en los próximos años. Ya parece que después de un año de pandemia las vacunas entraron en juego gracias a los avances de la medicina, pero con dificultad logística y de verificación de su efectividad por el poco tiempo de análisis de sus resultados que necesitan periodos prolongados para conocer los efectos secundarios.

Mientras el tráfico aéreo se desplomó en 2020 con caídas de más del 90% del tráfico mundial de pasajeros, los aeropuertos casi vacíos durante meses y las consecuencias de falta de actividad en el turismo y recesión económica con ayudas estatales que buscaban aminorar el impacto negativo en los próximos años. La sociedad notaba que se pagaba un alto precio por los excesos y contaminación producida en la naturaleza.

Sintonizabas la radio, veías la televisión y topabas con horas interminables de datos y miles de comentaristas que sacaban tajada sobre las consecuencias de la pandemia con millones de muertos, planteando si en navidad nos veremos grupos de diez o de seis y no se hacían las cenas de empresa cuando se planteaba la vida de miles de familiares que se podrían infectar por un virus que nos cogió a todos sin la capacidad de defensa salvo con mascarillas y limpieza de manos y, como no, la distancia social que afecta a nuestra forma de vivir y de relacionarnos.

Las limitaciones de movilidad hundieron las reservas para los planes turísticos y los hoteles sufrieron las consecuencias de la falta de clientes incluso muchos cerrados por la falta de ingresos hacen que el panorama se volvió desolador e imprevisible.

Así la situación, con movilidad reducida nos queda la capacidad de pensar y prepararnos como sociedad para tiempos modernos que daría Charles Chaplin o la mal indicada nueva normalidad como si antes hubiera otra. Pero la cuestión es reconocer que después de miles de años seguimos siendo vulnerables y como sociedad podemos reforzar nuestra capacidad de supervivencia a pesar de la falta de movilidad. Mientras unos investigan la vacuna otros, curan y otros producen y seguimos adaptándonos, como si fuéramos individuales en nuestra actuación no hubiéramos sobrevivido como raza humana hasta ahora. Debemos reconocer que los contratiempos han sido recurrentes en la evolución de la especie y cada vez buscamos una mayor capacidad de respuesta y con la tecnología una forma más sencilla de adaptarnos a la necesaria e inevitable evolución del tiempo y lo que nos rodea.

El desarrollo de la movilidad se verá influenciado por el big data para crear ciudades inteligentes con mayor eficiencia. Aunque las grandes ciudades representan un orden del 2% de la superficie terrestre ocurre que cerca del 60% de la población mundial viven en ciudades, existiendo más de 500 que sobrepasan el millón de habitantes con números en crecimiento. Las mega ciudades seguirán creciendo teniendo el caso más extremo en Lagos (Nigeria) con 88 millones de habitantes.

Entre tanto, aglomeración de personas, el tratamiento de datos de vehículos, peatones, semáforos, atascos, accidentes y estado de las carreteras será la forma de garantizar el flujo que permita la movilidad. Mientras la contaminación actual de vehículos representa una de las causas de muerte prematura en grandes ciudades por lo que su efecto se debe aminorar con otros sistemas y penando los actuales con leyes sancionadoras. Por ello, se debe aumentar el rendimiento y buen estado de las carreteras conociendo las trayectorias más sencillas para evitar atascos y problemas de circulación que se está consiguiendo con los datos obtenidos a través de los móviles, cámaras y dispositivos de control, y fomentando el transporte público. La innovación e inversión es prioritaria para lograr el cambio hacia una mayor implantación de sistemas de análisis de flujo y conseguir tratar la información en tiempo real dando soluciones óptimas en cada momento.

Los vehículos eléctricos son una mejor solución frente a los de combustibles fósiles y con mejoras en las baterías que ayuden al almacenamiento y ya se observa una tendencia progresiva en este sentido. La movilidad compartida puede representar otra opción para disminuir las necesidades de aparcamientos y reducir el flujo de vehículos ayudando a reducir la contaminación, por supuesto el transporte público favorece una mejor capacidad de movilidad eficiente.

Los vehículos autónomos sin conductor representan una forma eficaz al recoger al usuario y buscar la ruta más adecuada sin tener que estacionar y siendo un elemento que regule el tráfico de forma automática.

El internet de las cosas posibilita que todos los dispositivos y elementos del tráfico estén conectados como son los semáforos, vehículos, señales, flujos, tipo de transporte, etc. con ello el vehículo privado se puede reducir al conseguir transportes más adaptados a las necesidades, es la movilidad conectada.

Para conseguir tal flujo de información que permita tomar decisiones se usa el 5G o futuros sistemas de comunicaciones más avanzados con conectividad móvil que nos calcula la forma de viajar y el medio más conveniente.

Otra vez, volvemos a los conceptos de sostenibilidad, conectividad y colaboración para mejorar la movilidad de las personas y de las mercancías, permite mejorar la seguridad, la calidad de vida y la competitividad de las empresas al optimizar los transportes.

La inteligencia artificial y el aprendizaje automático son herramientas que permiten manejar la ingente cantidad de datos para tomar decisiones adecuadas incluso de forma más rápida que el ser humano lo que puede ayudar a que nos tengamos que preocupar de otras cuestiones de más nivel.

La tecnología permite conectar a los vehículos con las infraestructuras y mediante las redes de telecomunicaciones obtener información que alimente el sistema para que sea más eficiente ayudando a mejorar frente al tratamiento individualizado actual.

La movilidad aérea en ciudades permitirá el desplazamiento con aerotaxis y vehículos individualizados que utilizan zonas en el espacio para desplazarse consiguiendo trayectos más eficientes y descongestionando las urbes de calles y carreteras, permitiendo más verde y zonas comunes.

# CAPÍTULO 4. DIGITALIZAMOS

Buscamos, archivamos y compartimos datos digitales, todo lo que procesamos lo hacemos de esta forma, emails, noticias, informes, proyectos, imágenes, fotos, entre miles de millones de datos diarios que corren por las redes y van llenando millones de servidores. Los datos se almacenan, se intercambian y se procesan con programas informáticos que le dan formas en gráficos y formas diferentes de tablas para curiosidad y uso de múltiples funciones.

El fenómeno digital, denominada economía digital, ha impactado en la producción, la gestión y la organización de empresas, en la concepción de nuevos modelos de negocio, siendo una forma más eficiente de comunicarnos de forma instantánea con la proliferación de las redes sociales que aumentan la capacidad de interconexión y de comunicarnos. Acumulan información en formato digital y el tiempo viene impregnado en su creación del fichero, pero puede evolucionar y volver a grabarse siendo una parte de una visión irreal en imágenes o gráficos. Se ha creado un mundo paralelo irreal, el metaverso, que nos puede terminar confundiendo con la realidad a medida que se consigue su desarrollo puesto que el cerebro tiene esa capacidad de adaptación buscando obtener respuestas de su entorno y, si la información recibida es digital, acabará procesando como la opción real y necesaria para adaptarse a la vida.

El efecto más inmediato ha sido la reducción de costes operativos de las empresas al reducir y automatizar procesos que antes eran más costosos y lentos cuando se desarrollaban con sistemas físicos o de forma escrita. Desde el comercio electrónico, los emails o páginas webs, son sólo algunos de los conceptos que han revolucionado las empresas y le han dado un alcance mundial en breves minutos.

Pero la digitalización tiene que tener un motivo que justifique su uso y mejore procesos, tareas o facilite el trabajo porque la tecnología no puede ser un lastre para conseguir el fin de la empresa de rentabilizar sus recursos y obtener beneficios.

La administración, facturaciones y licitaciones electrónicas son aspectos que permiten agilizar los procesos y procedimientos y centrar los negocios en otros asuntos que generen valor, es dejar lo esencial para apalancar la gestión y los procedimientos automatizarlos y dejar capacidad de uso H24 al realizarse con redes y de forma donde no es necesaria la interacción humana. Lo digital lo impregna todo, desde la información meteorológica hasta la televisión y nuestro entretenimiento, sin duda ha venido para quedarse y ser cada vez más útil en la gestión y documentación. Facilita el conocimiento y simplifica la capacidad de almacenar grandes volúmenes de información, así como su búsqueda y recopilación.

Un caso práctico que nació de la digitalización son las torres de control remotas de aeropuertos que se afianzan por la posibilidad de centralizar con cámaras de alta capacidad el control en centros que puedan optimizar y dar mejor respuesta a muchos aeropuertos que funcionan bajo demanda ante el crecimiento y la disparidad de medios del transporte aéreo. Disponer de imágenes que permiten un tratamiento inteligente para detectar aeronaves y grabar la información para el estudio de incidentes, así como anticiparse con sistemas inteligentes de cálculo de trayectorias. Emulamos a nuestro cerebro en algunos tipos de decisiones de forma automática, programada y controlada.

Cuando se han cumplido 100 años del control aéreo, se posibilita el seguimiento de las operaciones en tiempo real con aumento de la colaboración y capacidad de comunicación, así como incluir nuevas variables que permitan mejorar la seguridad y la capacidad de respuesta ante fallos en averías o desvíos de tiempos en el transporte. El análisis de la seguridad operacional se puede automatizar y conocer puntos calientes donde existan conflictos que requieran de un mayor número de sensores y análisis de datos para garantizar más seguridad.

Sistemas que informan en tiempo real de los datos del avión para su operativa, planificación de mantenimiento y distribuir tareas de asistencia en tierra de aeronaves, limpieza o correctivas en línea. La conectividad vuelve a mostrarse como eficaz para conseguir equipos más eficientes y reducir tiempos en la operación de tierra. La información en tiempo real permite en la movilidad disminuir los tiempos de espera, adecuar el flujo de personas y verificar los avances frentes a anomalías del sistema en climatología, fallos, revisiones o interferencias que se deben minimizar con el tratamiento de sensores en el entorno. Serán robots y máquinas las que podrán simplificar nuestra forma de desplazarnos en entornos urbanos complejos con muchas alternativas posibles posibilitando obtener la mejor ocupación en cada instante. Los drones también han llegado para quedarse, sistemas robotizados que pueden desplazarnos.

La movilidad se está digitalizando a pasos forzados debido a la necesidad de optimizar y adecuar la forma de desplazarnos a las necesidades porque la pandemia nos ha situado en el centro de las afecciones y el control, así como buscar los medios de transporte más eficientes se convierte en prioritario. Hace años había pocas alternativas a los movimientos incluso algunas eran monopolios o transporte público de baja calidad. Todo está cambiando y se abren nuevas oportunidades con vehículos autónomos, drones monoplazas, servicios de alta velocidad y en definitiva una amplia gama de opciones que deben estar conectadas para ayudar a que todo fluya con eficiencia.

En 2020 las ventas de vehículos cayeron en 14% a nivel mundial respecto el año anterior y por otro lado se implantaron restricciones de emisiones y el vehículo eléctrico se presentaba como la nueva basa para seguir produciendo nuevos productos. En contraposición la pandemia hizo que se tendiera al uso de vehículos de uso privado, evitando la movilidad compartida por el riesgo del contagio.

Pero gran parte del desarrollo socioeconómico del mundo en los últimos 60 años está ligado al transporte aéreo donde la globalización permite la movilidad de personas y mercancías a todos los países. Con el covid-19 la digitalización está acelerando su implantación para facilitar muchos procesos y capacidades que existían, pero no se usaban de forma masiva. Está siendo fundamental las comunicaciones con satélites, la banda ancha, el envío de medicamentos y alimentos, así como el transporte militar para ayudas humanitarias y garantizar la seguridad.

Como consecuencia, la formación digital irrumpe con fuerza para garantizar la empleabilidad y capacitación del personal ante los nuevos retos y otras potenciales pandemias y circunstancias que vuelvan restringir la movilidad. Surgen un sinfín de aplicaciones digitales para dar respuesta a la logística, la compra de productos y servicios y facilitar la contratación de los servicios de las empresas.

El sector del transporte es responsable del 28% de la demanda energética global, y del 23% de las emisiones de $CO_2$ por combustibles fósiles, según la International Energy Agency. Los avances tecnológicos, la fuerte competencia y la globalización han impulsado cambios en el comportamiento de los consumidores. Vienen coches voladores con despegue y aterrizaje vertical con motores eléctricos para paquetería y movilidad urbana, son una opción al crecimiento de grandes ciudades y resuelven de forma más eficiente las cortas distancias, así como nos ayudan a mejorar las opciones necesarias, incluso plantean que el traslado de personas de forma automática permite estar en otras tareas en los desplazamientos tanto de ocio como de trabajo con videoconferencias y conexiones digitales con otros compañeros de trabajo.

Es indudable que la digitalización mejora las condiciones de la información en el tiempo puesto que su almacenaje es más sencillo y se puede generalizar a múltiples facetas como mapas, imágenes, escrituras, videos, etc., es decir, se puede disponer de información de más calidad en contraposición con la anterior de papel o en restos arqueológicos que hacia una difícil tarea la transmisión de conocimientos a generaciones futuras. Por ello, la capacidad de conocimiento como intangible se ha vuelto exponencial dando una mayor capacidad de desarrollo y situándonos en un nuevo paradigma que nos permite avanzar de forma más rápida en la tecnología y la ciencia descubriendo mayores opciones que permiten a las personas vivir mucho mejor que en épocas pasadas.

Ya todo está en la digitalización desde compras, viajes hasta las relaciones sociales pasando por el continuo almacenaje de todo tipo de ficheros con un ánimo de querer disponer de todos los instantes de la vida con imágenes cada vez con más resolución. Incluso la publicidad se ha vuelto digital ganando cada vez mayor peso en el paquete de propuestas para convencernos de cualquier oferta de producto o servicio, de hecho los buscadores superan el 40% de los presupuestos publicitarios que llegan el cliente potencial, sin importarles la restricción de movilidad porque el móvil o portátil se convierte en una fuente inagotable de ofertas a la carta que incluso no somos conscientes de la selección y perfil que configuran en la red según nuestros gustos por las búsquedas o aquello de lo que hablamos o tenemos interés.

Otras de las ventajas del marketing digital es que llega a un mayor número de clientes, de forma más estable y continúa con una sectorización más acertada y en tiempo real lo que permite ser más eficiente a la hora de ofrecer soluciones. El escaparate de Internet se ha vuelto una herramienta de primer orden en las empresas, lo que les permite tener una proyección global en minutos y avanzar en sus estrategias de expansión con un valor y potencial increíble.

Las tiendas online y la logística basada en sistemas digitales hacen de las compras unos fenómenos de alcance mundial que permiten obtener productos cada vez de forma más rápida debido a la competencia y a la sencillez de las propuestas técnicas. De hecho, la forma de sobrevivir un negocio es establecer canales digitales y conectar con sus clientes a través de diferentes vías y propuestas de redes sociales que den conocimiento de sus servicios y cercanía virtual a sus potenciales compradores en un alcance sin precedentes.

La digitalización se ha convertido en una nueva capacidad para el conocimiento y la innovación, es decir, es el elemento que permite tratar millones de datos que se pueden tratar para obtener nuevos resultados. La capacidad con la matemática permite explotar una floreciente programación que desemboca en la inteligencia artificial y en la información en la nube. Esa nueva capacidad permitirá generar robots con capacidad para aprender a través de redes neuronales o funciones programadas que permiten emular axiomas propios de las personas pero que obedecen a inferencias lógicas que una máquina puede ser más rápida en su capacidad de procesar y de cálculo de los ordenadores actuales.

El paradigma de la digitalización nos vuelve personas gestoras de datos y comunicadores a distancia con sistemas que en muchos casos no se conoce su funcionamiento sino se es un gestor de contenidos o de respuesta a la aplicación soportada. La ventaja es que digitalizar el contenido permite un mejor análisis de los datos y una comparativa como puede ser para un análisis de biopsias o de textos o de fragmentos de una música determinada, además permite la réplica de forma más sencilla y generar cadenas de contenidos basados en el conocimiento de datos previos siempre que los desarrolladores sean capaces de extraer los algoritmos y leyes adecuadas que permitan emular la realidad.

Los documentos digitales ya forman parte del día a día de la Administración y permiten, con ventanilla única, una conexión directa que desde casa nos abren las puertas para cualquier solicitud, información y denuncia que fuera necesaria. La ingente cantidad de datos que se van manejando invaden los sistemas de solicitud, requerimiento y respuesta.

Queda mucho por mejorar en la experiencia del usuario, ahora son continuas ventanas con tramites farragosos y formularios interminables que te hacen repetir datos de forma recurrente con preguntas complejas, cuestiones que no dejan de ser pequeñas y continuas pegas para conseguir el deseado trámite administrativo que haga de la hazaña un final feliz y eso si tienes la suerte de no dar con una versión inadecuada de algún programa que te imposibilita firmar o pasar a la página siguiente con continuos mensajes en pantalla para declararte en una tremenda impotencia digital al tener que conocer los entresijos de los programas para buscar las salidas airosas y adecuadas en cada momento.

# CAPÍTULO 5. INNOVAMOS

*"La única forma de tener buenas ideas es tener muchas ideas"*, Linus Pauling, Nobel de Química y Nobel de la Paz.

*"Si hubiera preguntado a la gente qué querían, me habrían dicho que un caballo más rápido"*, Henry Ford.

La innovación y la digitalización son los dos procesos para conseguir la sostenibilidad y acercarnos a la economía verde y circular que permite nuevos servicios y productos mejor adaptados a las necesidades del desarrollo sostenible. Innovar no es nuevo, de hecho, siempre hemos buscado el cambio dentro de las posibilidades para mejorar la situación y eso ha marcado la historia con altibajos, guerras y discrepancias. Aunque es un vocablo que está más en la gestión empresarial e incluso se dan premios como el Premio de Calidad en la Innovación, QIA mundial de innovación, al aeropuerto de Teruel en 2019 que se recogía en Pekín. Lo cierto es que innovar sigue siendo una extraña frontera entre hacer o dejar que otros hagan para buscar soluciones compartidas o literalmente copiar diseños similares dentro del sector que se trabaja.
Es difícil distinguir una innovación que produce frutos reales de otra que simplemente es un ejercicio mental

o elucubración que no da ninguna ventaja, pero teniendo en cuenta las ideas de Henry Ford, tal vez resulte, y así suele ser beneficioso, el tener muchas ideas para conseguir algunas de ellas que nos diferencien y nos den una ventaja competitiva. Está claro que no intentarlo es lo que conduce el acomodarse y el convertirse en un negocio sin capacidad de ofrecer algo que los clientes quieran recibir. Los cambios se producen y las oportunidades están para aquellos que sepan anticiparse y reconducirla a sus negocios, por eso lo mejor es ser rápido y ágil en la empresa con capacidad de adaptarse a las nuevas necesidades, siempre una mejor tecnología que nos dé más capacidad de respuesta. El reto cada vez es mayor y la forma de hacerlo está en saber aprovechar aquello que una empresa domina y es capaz de mejorar.

Se ha producido la peor crisis de la historia del transporte aéreo tras la pandemia covid-19, se asienta en la descarbonización del sector aeronáutico y la economía circular para conseguir ser una industria con capacidad en sus próximas aeronaves sostenibles, por ello apuestan por la energía eléctrica, los biocombustibles y el hidrógeno como combustible verde que ayudará a un sistema sostenible y con más posibilidad de crecimiento.

El inventor Thomas Alva Edison yo nos dijo, *"no quiero inventar nada que no se pueda vender"*, que es como indicar que la innovación es útil cuando consigues alguna idea que luego se puede incorporar a tu empresa y produzca un beneficio que puede ser directo con productos o indirecto con mejoras en procesos, servicios incluso ofrecer novedades que antes no se realizaban. Por ello, innovar es un concepto muy amplio, pero a su vez es una constante que se tiene que trabajar todos los días para conseguir resultados. No se trata de ideas felices que muchas no prosperan sino de llevar a cabo cambios novedosos que transforman nuestro entorno. Deben solucionar grandes problemas y brindar nuevas oportunidades para generar valor, en caso contrario sería una simple idea que no se ha podido vender y por tanto no obtiene resultados.

La innovación continua crea bienestar y mejora la situación anterior planteando nuevos modelos de negocio, productos originales o cambios en procesos y mejoras tecnológicas que ayudan a cambiar y ser más eficaces. Permite un mayor crecimiento al obtener en la estrategia ventajas competitivas que los diferencian de sus competidores. El mero hecho de plantearse el modelo de negocio y repensar la forma de hacerlo de otra manera es un síntoma de mejora y de buscar soluciones más originales y nuevas a cuestiones ya conocidas.

Las ideas y conceptos necesarias para innovar deben ser aportadas por la organización que debería ser partícipe del proceso de innovar y de esta forma se pueden obtener mejoras resultados con una participación cooperativa que catapulta la capacidad de generar valor.

Por ello, el conocimiento canalizado de forma que genere innovación produce los cambios que ayudan a mejorar en las empresas y obtener más desarrollo generando empleo, pero la forma eficaz es con alianzas y consorcios que permitan reforzar el equipo con distintos intereses de forma que los resultados sean más disruptivos.

El presidente de Huawei vaticinó que en 2025 más del 30% del PIB global será generado por la economía digital. Entre las tendencias clave que contribuirán a este cambio revolucionario hacia lo digital está, como no, el 5G, que en 2025 prestará servicio a más de la mitad de la población mundial. Asimismo, Liang cree que la computación en la nube, la inteligencia artificial, los sistemas de realidad aumentada y realidad virtual, y el vídeo ultra-HD 4K/8K lo cambiarán todo, y que las emisiones en directo en alta definición y la tecnología 3D sin gafas crearán experiencias verdaderamente inmersivas y transformarán la educación remota y el entretenimiento virtual.

Otra tendencia clave es la tecnología ponible o que llevamos puesta que se convertirá en un "hospital móvil". Ayudará a controlar nuestro estado de forma donde estemos, lo que beneficiará potencialmente a más de mil millones de personas con enfermedades crónicas. Por su parte, la consolidación de la computación fotónica, cuántica y biológica permitirá una arquitectura de computación más híbrida y heterogénea, con la consiguiente reducción del consumo de energía y el procesamiento de ingentes cantidades de datos.

El físico alemán Albert Einstein dijo una vez que de las crisis surgían las mejores innovaciones y la Covid-19, a pesar de sus efectos nocivos, pasará también a la historia con un listado de avances científicos que hicieron mejor a la humanidad; nuevas vacunas, baterías más eficientes, hidrógeno, comunicaciones con videoconferencias, drones en mayor desarrollo para aerotaxis y traslado de personas de forma automática.

Algunas reflexiones entre la correlación sobre el presente, la innovación y el esperado futuro de mejora:

- La presión que se tiene para obtener resultados en el **presente recorta el tiempo que muchas empresas sostienen una innovación** y de esta forma no se progresa creyendo que resolver el día a día es una forma de avanzar, pero se convierte en un lastre que con el tiempo lleva a ser menos competitivo.
- La **innovación es un proceso de búsqueda constante**, dónde se encuentra el valor a través de prueba y error, y rectificar antes de proceder a realizar el resultado incluso algunos procesos pueden suponer un lastre que deben ser desconsiderados pero que ayudan a probar nuevas formas y ser originales con el potencial que esto produce.
- **Ser visionario está mal visto** porque tener visión es hacer una apuesta y eso puede lastrar

el presente para construir un futuro mejor, pero seguro que diferente. Por ello, sin dar esa imagen de iluso hay que arriesgar para conseguir mejoras en el futuro y saber que quien se queda como está no progresará seguro.

- **La tecnología impulsa conocimientos, acelera el acercamiento hacia futuro**. Esto hace que veamos innovaciones como ciencia ficción, pero esto nos impide soñar y ver más allá. No hay que cegarse en las posibilidades tecnológicas, pero si asumir sus bondades y saber incorporarlas con rapidez a nuestros procesos y forma de trabajar.
- **Los humanos han sido exploradores y creadores de futuros**, siempre tenemos una visión de proyectarnos en el tiempo. A todos nos gusta que nos alaben y feliciten por nuestro trabajo y nuestro éxito en la gestión y tendemos a realizar las cuestiones que más gustan a los que nos rodean.
- **A la educación se le exige practicidad (presente) en su impartición, esto resta capacidad de proyección (futuro)**. De hecho, la educación debería recuperar su capacidad de hacer personas con capacidad de imaginar y ver más allá del presente. Ser atrevidos en pensar en lo que podrá venir y tener capacidad de innovación es la mejor forma de ser adaptable y aportar avances a la sociedad.

Pero volviendo a la raíz de la cuestión, podemos afirmar que la tecnología nos librará a la especie o puede ser un tema que nos envuelva en mayores capacidades de destrucción a un ritmo más acelerado y que no seamos capaces de buscar el equilibrio medioambiental para que sea posible continuar en el tiempo.

Vamos a un aumento de años de vida con un cuerpo que se repara y resuelven mejor las enfermedades y su deterioro natural, apuntamos a viajes a la Luna o a Marte para continuar la especie en otros planetas, nos preparamos para el cambio climático que está siendo inevitable y que hace aumentar la temperatura de la Tierra. Debemos prever la evolución de los sistemas complejos, aquellos que intercambian materia y energía en varios niveles y de forma poco conocida en algunos casos.

Tener una capacidad alta de innovación, es como tener cierta capacidad de anticiparse al futuro, eso sí, sin saber a ciencia cierta lo que pasará. La tecnología se lleva produciendo hace miles de años, no sólo es la electrónica actual sino también la rueda o los sistemas de regadío o de alcantarillados iniciales. El ser humano lleva innovando hace miles de años, aunque es cierto que ahora con los sistemas digitales la información va más deprisa y las posibilidades son mayores, pero también los desatinos y errores producen efectos nocivos como es la contaminación y los accidentes que se han producido como consecuencia del desarrollo tecnológico.

Donde se está produciendo mayor innovación disruptiva es en la inteligencia artificial, la robótica y la automatización lo que está produciendo procesos que no necesitan de la intervención humana y liberan para realizar acciones más penosas o repetitivas que una máquina puede realizar durante todos los días sin descansar ni quejas de ningún tipo.

Pero la innovación deber ser colaborativa para potenciar sus resultados. Los equipos multidisciplinares y las aportaciones de diferentes expertos permiten dar más capacidad de resolución a la investigación y la innovación donde se busca resultado comercial sin pensar en grandes descubrimientos sino en prácticas soluciones para las empresas que les permitan avanzar en su crecimiento de forma sostenida.

# CAPÍTULO 6. RESPONSABILIDAD SOCIAL

La crisis sanitaria destruye miles de negocios por el confinamiento y la disminución de la movilidad, la mayoría son pequeños negocios que están en quiebra técnica y no son capaces de resistir la incertidumbre de tener cero ingresos durante varios meses o verse afectados por el cambio de paradigma de su modelo de negocio donde las circunstancias marcan diferentes comportamientos del consumidor. La gente por miedo y por normas no sale y por tanto consume menos, muchos se quedan sin trabajo y otros buscan nuevas normas para subsistir. La pobreza se acrecienta en las crisis y los problemas sociales rebrotan porque la desesperación hace aumentar los suicidios, el malestar y las quejas de la sociedad, nadie puede ser ajeno a esta realidad social. Se intenta no hablar y no mencionarlo por el efecto llamada, pero es una consecuencia de la desesperación de los que ven en su existir algo efímero y sin sentido. Por ello, la importancia de buscar respuestas e incluso sentir la religión como una forma de dar sentido a la existencia. Las empresas con capacidad de adaptación o modelos esenciales y necesarios serán las que sobrevivan y generen empleo mientras millones de ellas desaparecerán con la creciente inseguridad que todo esto acarrea. Se vuelve a repetir, aunque de forma más rápida, el paso del tiempo y la busca de equilibrio en la incertidumbre.

El primer objetico de las ODS es el "Fin de la Pobreza". Entre 2008 y 2013 en España se perdieron 117.000 empresas. En 2020 ha perdido más de 100.000 casi un 7% del total y el impacto acaba de notarse por la amortiguación de los ERTE, con ello menos generación de empleo, menos inversión prevista, menos crecimiento económico y como primera consecuencia más pobreza. Un 10% de la población mundial vive en extrema pobreza con menos de 1,9 dólares al día. Todavía es un objetivo que se resiente por los avatares y dificultades de la repartición de bienes.

La conciencian social ha sido fundamental con un alcance global porque son cuestiones arraigadas y que están interrelacionadas en los países, de hecho, algunos no se desarrollan por sus deudas, su falta de comercio internacional, el nulo turismo o la imposibilidad de acceder al desarrollo tecnológico por escasez de recursos.

El optimismo busca como protegernos y desarrollar un estilo explicativo de nuestro entorno y pensar que las adversidades no duren para siempre, que hay esperanza, debemos tomar medidas adecuadas. La esperanza es uno de los mejores ingredientes del optimismo, sin ello no podemos funcionar, si no tenemos ilusión, hacemos planes y estrategias a medio plazo es muy difícil levantarse por la mañana. Tenemos la capacidad de superar adversidades. Podemos descubrir capacidades que no conocíamos, ser un elemento que potencie nuestra mejor forma de ser.

Peor aún si cabe es el segundo ODS de "Poner fin al hambre", que afecta a casi un 9% de la población mundial según la ONU, esto sí que es terrible, es debido a la distribución desigual de la riqueza que existe esta situación, es dramático y debería hacernos reaccionar para buscar los medios que ayuden a evitarlo. No hay fórmulas pero si acciones que pueden ayudar a evitar los desequilibrios que hay en la población de diferentes lugares del mundo.

Las inclemencias de las guerras, el cambio climático y las recesiones económicas que se producen de forma cíclica hace que se produzcan diferencias en muchos países con un porcentaje de exclusión social severo que lo convierte en una situación difícil de erradicar. Visto desde fuera parece algo baladí resolverlo, dar comida a los que no tienen y ya está, pero la dificultad de hacerlo llegar, de conseguirlo y de poner los medios adecuados hacen que sigan existiendo muchas trabas y diferencias en cada país. Hay que cambiar el sistema agroalimentario para solventar las dificultades y llegar a más población y la solidaridad y la tecnología juegan un papel fundamental.

La tercera ODS con el objetivo de una vida sana y el bienestar puede ser elocuente puesto que la salud es fundamental para lograr un proyecto de desarrollo, es lo que necesitamos para conseguir otros fines: por eso, es importante controlar las enfermedades e investigar en salud para erradicar muchas de las cuestiones que han frenado a la humanidad y han producido calamidades que ahora son erradicadas.

Está demostrado, los que tienen amigos influyentes y positivos consiguen mejor bienestar y mejoran su salud, como se dice: "el que a buen árbol se arrima, buena sombra le cobija", ya aparecía en el Quijote esta sabia reflexión.

Sin embargo, las desigualdades entre países ricos y pobres crean una brecha de difícil solución porque los medios necesitan de recursos económicos y de capacidad de gestión que puede no darse en ciertas zonas. Hay enfermedades trasmisibles de sencillo control que originan grandes devastaciones, pero también están las no trasmisibles como ictus, cáncer y diabetes que producen serios problemas que se deben ir controlando con la investigación y medicamentos. Y cómo no, se plantean nano robots que circulen por el cuerpo para destruir las enfermedades

También, la sociedad actual hace de las enfermedades mentales un creciente conflicto que genera dificultades sociales y agrave las relaciones humanas, así como la convivencia dejando abierto otro frente que se agrava a medida que la población vive más años y en entornos más complejos y cambiantes. Según los expertos hay más de 7.000 enfermedades raras en el mundo, aunque la cifra se podría duplicar en los próximos años. Existe una enfermedad rara como el síndrome epiléptico de Dravet que afecta a uno de cada 16.000 niños nacidos en España y es crónica con convulsiones y pérdida de conciencia que afectan a las familias por la dificultad de su tratamiento. La mayor causa de defunción del mundo es la cardiopatía isquémica, produce del orden de un 16% del total de muertes en el mundo, pero en los países de ingresos bajos la mayor causa son las afecciones neonatales. Las personas que viven en países de ingresos bajos tienen una probabilidad mucho mayor de morir de una enfermedad transmisible que de una enfermedad no transmisible.

El objetivo ambicioso sería conseguir la cobertura sanitaria mundial que dista de conseguirse por las diferencias entre países y los problemas de implantar una costosa seguridad social, aunque es una quimera por la que vale la pena seguir luchando.

La educación, la ODS4, es un derecho humano que sustenta todos, puesto que sin conocimientos y formación no podemos ejercer el resto de los objetivos en la sociedad, incluso podríamos decir que sin la educación no hay progreso ni se consigue difundir ni implantar acciones de mejoras sociales. Existen varios millones de niños no escolarizados y cerca de un 60% no adquiere destrezas de lectura ni aritmética lo que hace crear una gran brecha de marginación y falta de oportunidades para una parte de la población mundial. Sin duda, la educación con la salud son los pilares de una sociedad con capacidad de desarrollo y posibilidades de igualdad y sostenibilidad.

La igualdad entre géneros, ODS 5, es una tarea que se va consiguiendo y avanzando, aunque es muy reciente en nuestra historia, pero hay que seguir trabajando la discriminación, abusos y factores educativos que crean un ficticio en pautas de diferenciación en personas que tienen las mismas posibilidades y derechos de desarrollo. Las mujeres deben desempeñar el papel igual según sus posibilidades educativas y de capacidad para desarrollar trabajos y aportar en el desarrollo social siendo un factor fundamental que permite hacer una sociedad más justa, sostenible e igualitaria para conseguir ciudadanos más libres y capaces. No hay que buscar externalidades, las diferencias existen por el discriminatorio nivel educativo y definición de roles basados en intereses y cuestiones de poco valor moral.

El agua con su gestión y saneamiento para todos, ODS 6, donde todavía miles de millones de personas no tienen acceso al agua potable y un 20% no tiene una instalación para lavarse las manos. Sin duda, está relacionada con la salud la imposibilidad de ducharse o tener sistemas de regadío que permitan el desarrollo de la agricultura y de la limpieza para conseguir un bienestar. Imaginaros lo que puede ser para las transmisiones de enfermedades esta situación de falta de salubridad.

Ahora la toca el turno a la energía asequible y no contaminante, ODS 7, para conseguir una industria y progreso, así como vida adecuada puesto que los sistemas de aguas y de salud dependen de la energía a través de motores y bombas y de equipos de funcionamiento que necesitan la energía y ni que decir los transportes y la logística para el traslado de alimentos y comercio entre zonas. Se tiende cada vez más a las energías alternativas que puedan ser sostenibles como el hidrógeno, energía solar o eólica y conseguir sistemas que permitan un desarrollo respetable con el medio ambiente.

El crecimiento económico con el trabajo decente, ODS 8, vivimos en vaivenes de crisis que generen y destruyen empleos en función de la coyuntura económica que va como una onda con máximos y mínimos, por ello es fundamental priorizar el empleo decente que permita garantizar a las personas su desarrollo con el fomento de los negocios, apoyo gubernamental y empresas de todo tipo que se puedan adaptar a estos cambios que son consustanciales a nuestros sistemas de desarrollo. Los abusos en los contratos siguen existiendo sobre todo en países pobres donde las condiciones de trabajo atentas a principios básicos como respetar la vida personal, la seguridad o las condiciones de horas interminables con sueldos miserables.

Pero es la construcción de infraestructuras resilientes, promoción de industrialización sostenible y el fomento de la innovación, ODS 9, donde está la máquina que permite generar empleo, dar oportunidades al desarrollo personal, por tanto, mejorar la salud y conseguir los otros objetivos. Es prioritario apostar por la tecnología para el desarrollo que genere empleo de calidad y prepare a la sociedad para su adecuado servicio a todos. Las inversiones en infraestructuras son las que producen capacidad de desarrollo y permiten generar un empleo que permita el equilibrio económico de zonas despobladas o con pocos recursos.

La reducción de desigualdades entre países, ODS 10, que pueden tener pocos ingresos y por tanto menores prestaciones sociales y menos desarrollo, lo que hace que todos los objetivos se vean perjudicados. El covid-19 ha intensificado las diferencias en países que no pueden vacunar a su población o tiene un débil sistema sanitario, aumentando la vulnerabilidad en algunos países lo que crea discriminación frente a colectivos menos agraciados por las circunstancias de vivir en zonas menos favorecidas.

Las ciudades y comunidades sostenibles, ODS 11, donde más de la mitad de la población mundial vive en ciudades. Habría que fomentar la vuelta a zonas despobladas y que permita una mayor calidad de vida en contacto con la naturaleza y con los medios de comunicaciones actuales que nos permite trabajar en casi cualquier sitio con la tecnología adecuada.

El consumo y producción sostenible, ODS 12, con el uso de recursos naturales de forma que fomente la economía circular y su reconversión en otros usos para evitar la destrucción del planeta y la reducción de las emisiones de carbono. Como datos de la situación, tenemos que un tercio de la comida mundial se acaba pudriendo en cubos de basura, unos 1.300 millones de toneladas. Y la población mundial sigue creciendo y muchos pasando hambre, una contradicción sin sentido, por lo que cada vez hay mayor consumo en un mundo finito en recursos lo que hace necesario buscar y evitar esas pérdidas.

El cambio climático, ODS 13, una realidad que hace aumentar la temperatura a la tierra de forma cada vez mayor llegando a producir nuevas zonas desérticas y aumentar el nivel de agua de los mares por lo que disminuyen las costas que hace empeorar las condiciones de vida. En España en agosto 2021 se ha llegado en Montoro, Córdoba, a temperatura de 47,4 º C, de las más altas medidas en España, y hay zonas del mundo que se superan los 50ºC con condiciones donde el ser humano se deshidrata y muchas formas de vida no pueden resistir.

Dentro del cambio climático están los océanos, ODS 14, que se ven impactados por los plásticos, residuos de todo tipo y el aumento de temperatura generalizada hasta afectar a los animales que viven en él y que produce una reducción significativa de su entorno con efectos de sobrepesca y de afecciones a su equilibrado medio.

Los bosques y evitar la pérdida de ecosistemas terrestres, ODS 15, es una garantía de nuestro oxígeno, alimentos, y la proliferación de fauna y flora. El desequilibrio también produce enfermedades que se transmiten de animales a personas. La actividad humana casi ha cambiado el 75% de la superficie terrestre por lo que tenemos una obligación de preservarla y restaurarla para conseguir el equilibrio que permita el desarrollo de especies y la propia armonía de la naturaleza.

Paz y justicia con instituciones sólidas, ODS 16, para evitar conflictos como guerras y la inseguridad en ciudades con robos y muertes. Seguir con el refuerzo de instituciones que defiendan los derechos humanos y de las personas para evitar abusos de colectivos, así como una mejor relación con la justicia. La justicia bien impartida ayuda a sociedades donde la convivencia se puede desarrollar con normas y cumpliendo obligaciones frente a los demás siempre que sean ajustadas y no se conviertan en busos por parte del estado.

Las alianzas, ODS 17, en un mundo global para conseguir entre todos los objeticos de mejora de las Naciones Unidas que deben ser los de todos y de esta forma seguir luchando por la igualdad, la sostenibilidad y la industria verde que posibilite una mejor situación para la vida en el tiempo que nos toca vivir.

La especialización del trabajo es uno de los fenómenos que permite generar empleo, así en una comunidad agrícola donde hay autosuficiencia de trabajar la tierra y vivir de sus productos sería la forma básica de subsistir, pero cuando contratamos a otra persona para reparar el arado y de esto a un carpintero para reparar los equipos y permitir obtener más cosechas, creando nuevos empleos. De esta forma, hará falta una maestra para formar a sus hijos y mejorar las próximas generaciones y obtener mejores beneficios, así se va construyendo una sociedad con crecimiento económico. Una forma básica de verlo, pero ilustrativo de cómo podemos llegar con el esfuerzo de todos y la especialización hasta donde cada vez somos más eficientes y disponemos de más comodidades para vivir.

De todos los capitales disponibles es el capital humano el que constituye el 75% del bienestar y crecimiento de una sociedad, aparte luego del capital físico de máquinas, fábricas y capital financiero para crear empresas y realizar transacciones que agilicen, pero es la persona con su formación la que es capaz de hacer máquinas y generar servicios financieros, es decir, sin humanos no podemos obtener el resto de lo que genera la posible generación de riqueza.

Para el funcionamiento nos valemos de recursos naturales que son finitos, necesarios para producir bienes como para tener verduras necesitamos tierras para cultivarlas y agua y Sol para su crecimiento. Para hacer máquinas y equipos se usan materiales que provienen de minerales y rocas con diferentes elementos químicos que mediante tratamiento producen lo que necesitamos para obtener productos. Disponemos de tiempo finito en un entorno que dispone de recursos finitos, frente a un universo que se nos presenta infinito, inabarcable, son las contradicciones de nuestra existencia.

# CAPÍTULO 7. TIEMPO INFINITO EN VIDA FINITA

*"Si Dios creó el mundo, ¿dónde estaba Él antes de la Creación? ... Sabed que el mundo es increado, como lo es el propio tiempo, sin principio ni fin."*
Mahapurana (India, siglo IX)

*"Nada existe, excepto átomos y espacio vacío, lo demás es opinión".*
Demócrito de Abdera (Filósofo griego, h. 460 - h. 370 a.C.)

Nos movemos en la incertidumbre, este es el tiempo que nos toca vivir a todos los seres vivos, sin conocer lo que ocurrirá en el futuro. Planificamos, proyectamos, extrapolamos e intentamos anticiparnos al futuro e incluso conocerlo, pero sólo es una ilusión, una quimera que nos recuerda que vivimos el presente, aunque nos preparamos para el futuro, con recuerdos del pasado e historias que nos avisan de lo que podría pasar. Podemos idear estrategias para conseguir fines y reforzar nuestra capacidad para lo que venga con estudio, preparación y esfuerzo, pero siempre existirá la incertidumbre a la que día a día nos vamos adaptando para conseguir avanzar de forma que nos permita obtener los recursos necesarios para la vida.

Pero existen fenómenos naturales como huracanes, terremotos, maremotos, delincuencia y accidentes que trastocan el devenir y nos hacen vulnerables frente a ciertos aspectos que podemos anticipar, pero como decimos otros son imprevisibles y aleatorios.

Apenas sabemos de la inmensidad de las galaxias y con el telescopio Hubble en 20 años se ha podido cuantificar que las imágenes que podemos observar contienen unos 100 mil millones de galaxias, aunque estudios posteriores dicen que pueden ser más refinando el método matemático, una barbaridad para nuestro mundo de la Vía Láctea que casi no lo conocemos, sin duda habrá más y quien no dice que pueden ser infinitas, si no las podemos ver no quiere decir que no existan. Lo más alucinante es que cada una de esas galaxias puede ser un misterio donde existan otras formas de vida y combinación de materia que desconocemos porque no podemos llegar hasta ellas.

La libertad y la seguridad se contraponen en cierta manera al considerar visiones diferentes de una misma persona. Cuanta más libertad disfrutemos menos seguridad tendremos y a la inversa, algo que nos parece complicado de ajustar, pero para convivir necesitamos normas, leyes y conductas definidas que nos den seguridad, dependemos incluso de lo que pueden hacer otras sociedades que nos pueden ocasionar dificultades con sus normas, conductas o relaciones.

"El hombre es un lobo para el hombre", de Thomas Hobbes en el siglo XVIII, si no somos capaces de contenerlo está en lucha con el prójimo, el animal que todos llevamos dentro, se autodestruye y puede ser nocivo para sus semejantes, cierto ímpetu de subsistencia nos lleva a tener conductas que deben ser aprendidas, de ahí la importancia de la educación. Por eso, de forma inevitable hay cárceles, control policial, multas, espías, timadores, asesinos, mentirosos, secuestradores, tramposos, luchas, guerras, y.... muchos vocablos que representan aquello que intentamos evitar. Erradicar lo que llamamos el mal sería un gran logro social, pero resulta una tarea ilusoria debido a la misma complejidad del comportamiento humano que le hace imprevisible en general de cara a los demás y que resulta inalcanzable el control previo de todas las conductas humanas. Algunas mentes se enferman y son capaces de generar un peligro, así como las conductas humanas pueden llevar dosis de venganza o ideas de destrucción.

Estamos prisioneros de nuestro tiempo finito en la vida, todos los seres biológicos están condicionados al tiempo definido con una carga genética que lo tiene programado en sus capacidades iniciales y sus posibilidades de desarrollo y que luego interactúa con sus semejantes o enemigos para sobrevivir hasta que el ciclo se repite con otros. De esta forma, podemos llegar según nuestro potencial previo y la forma que seamos capaces de desarrollarlo a programarnos metas, objetivos y estrategias de actuación que luego según las variables del entorno se pueden cumplir o pueden resultar otras muy diferentes.

Aunque hay gran diversidad de especies de animales y plantas estas están con un número finito de grupos biológicos. La biología nos ha permitido agrupar a las especies según las características comunes con antepasados comunes. Nosotros descendemos de los primates, pero de especies que ya han desaparecido con el paso del tiempo. Nuestros antepasados, de hace unos millones de años, eran mamíferos que vivieron en bosques tropicales con cierta humedad, con treinta y seis dientes y compartimos antepasados con el chimpancé y el gorila y nuestro esqueleto tiene cierta similitud con ellos, evolucionando para caminar erguido y desarrollando el cerebro de una forma más adaptada al cambiar de los bosques por otras zonas menos fértiles de vegetación. Seguro que huyendo de ciertos cambios climáticos o de los desastres naturales que no les permitía subsistir.

Ante esta diversidad finita, ¿Qué animal vive menos y cual vive más? Los insectos son los animales con la vida más corta y también la más abundante, siendo el efemeróptero el que menos vive, se transforma de larva a insecto y en 24 de horas las hembras crean otros miles. Las cachipollas viven unas 24 horas y algunos sólo 5 minutos, se aparean mientras vuelan y una vez deposita la hembra los huevos en el agua y ambos mueren. La que más vive es la medusa inmortal, denominada Turritopsis Dohrnii, tiene la capacidad de rejuvenecer por sí misma, otros como la tortuga de los galápagos viven hasta unos 250 años aproximadamente. Un equipo de la Universidad de Oviedo dirigido por el aragonés Carlos López Otín (Sabiñánigo, 1958), catedrático de Bioquímica, ha descifrado el genoma de la medusa inmortal, de 7 mm de longitud y ha identificado las posibles claves genómicas de su inmortalidad y los mecanismos que permiten su continuo rejuvenecimiento

Esa es la riqueza de la vida, el no estar determinada de antemano con posibilidad de generar diferentes vivencias en función de las decisiones y pasos que se vayan ejecutando. Somos un elemento infinitesimal en un entorno universal con una influencia apenas perceptible pero que en nuestro micro mundo creemos y nos vemos importantes, incluso buscando destacar frente a otros.

La eternidad y el infinito forman parte de nuestro concepto racional, de las matemáticas y de aquello que nos hace imaginar el devenir de forma recurrente como una serie que tiende hacia un lugar sin fin. No conocemos límites alguno fuera de nuestro entorno vital y de esta forma observamos un universo inabarcable e inmenso que cada vez es mayor a imaginar con nuestras capacidades e incluso parece no acabar. Descubrimos nuevas galaxias y teorías que lo explican, pero si hubiera infinitos universos no lo sabemos porque no podemos experimentarlo.

Incluso para seguir cierta réplica de conductas humanas hemos comenzado con los humanoides para hacer tareas más difíciles como desactivar una bomba o tareas repetitivas en una fábrica que son capaces de hacer con más eficacia y menos riesgo y sin problemas biológicos, eso sí se necesitan mecánicos e informáticos para construirlos y programarlos. Representa una nueva forma de replicar el comportamiento humano con sistemas materiales que se programan con inteligencia artificial para ayudarle en tareas aburridas y repetitivas o de más peligro. La tecnología ya posibilita esta opción por lo que será cada vez más habitual como ya lo es el vuelo de drones y de máquinas voladoras sin piloto.

Pero a pesar del paso del tiempo, sigue siendo un misterio el origen de la vida, aunque hay una teoría que indica que el origen pudo ser cósmico. La materia y energía puede ser de hace unos 13.500 millones de años donde la química comenzó con sus primeros átomos y antes parece que podría ser un big bang que fue un inicio al menos de lo que conocemos de nuestro universo, aunque no sabemos si pudieron existir otros universos.

En nuestro planeta debió comenzar hace unos 3.800 millones de años la aparición de organismos, tiempo pequeño en la inmensidad del universo, y su expansión debe ocupar muchos más. En la Tierra existían las condiciones adecuadas para que se sintetizaran las moléculas orgánicas, incluso algunas pudieron venir de fuera por medio de meteoritos y cometas que impactaron con la Tierra, esto se parece al sistema de generación de vida humana con el óvulo y espermatozoide por lo que no parece una idea tan descabellada. Si fuera así, nos queda la probabilidad que haya vida en otros planetas de otras galaxias donde se hayan dado condiciones similares, por probabilidades esto podría ser replicable siendo la inmensidad del universo su principal característica y con la evidencia de planetas con similares características al nuestro.

Apenas unos 6 millones de años donde se ha reconocido el punto común entre los humanos y los chimpancés, estos últimos evolucionaron en su capacidad de pensar y se trasladaron de los árboles hacia otras zonas menos fértiles con otro tipo de animales. Fue la adaptación la que de alguna forma permitió que fueran capaces de sobrevivir frente a las nuevas condiciones.

Tomemos nota porque parece que los cambios climáticos han afectado a la proliferación de nuevas especies derivadas de otras que existían, esto nos lleva a pensar que los humanos podemos cambiar en los próximos siglos y parece que esto nadie lo desmiente.

Pero más sorprendente en esta historia de la humanidad que no fue hasta hace unos 300.000 años donde se hizo uso del fuego. Da cierto asombro el corto espacio de tiempo transcurrido de unos 70.000 años del uso del lenguaje que nos ha permitido comunicarnos y transmitir a nuestros descendientes las experiencias y ciertos comportamientos para que estos no se transmitan sólo por nuestros genes.

Fue hace unos 12.000 años que se produjo la revolución agrícola donde las personas se comenzaron a asentar, se convierten en sedentarios y cultivan ciertos alimentos para subsistir. Si ya pensamos que todo ha existido, fue hace sólo 500 años se ha desencadenado la revolución científica del saber, conquistando por primera vez América y comienza el capitalismo como sistema económico que engloba a países y el intercambio de riqueza y de invasiones para conseguir poder económico. Fue el siglo XVIII la revolución industrial, y en el siglo XX cuando vamos más allá del planeta Tierra y los organismos comienzan a modelarse por un diseño científico más que por una selección natural y con cierta intervención humana.

Sin embargo, el ser humano, el que ha evolucionado con un cerebro más capacitado en comparación con otros animales, que necesita mucha energía para el procesamiento de información y desarrollar su potencial, consume casi el 25% de nuestra energía corporal en reposo lo que presenta un sistema que necesita alimento y nutrientes para su funcionamiento. Antes necesitábamos pasar horas para conseguir alimentos, ahora con una simple conexión a Internet lo tenemos en unos minutos sin mayor preocupación, es decir, hemos pasado de tener un cerebro dedicado a la supervivencia y subsistencia a otro preparado para pensar en cuestiones más trascendentales y dedicarlo a otras cuestiones como el arte, la música, la ciencia, la investigación y la generación de riqueza…. Nuestra evolución nos ha dado alas para llegar más lejos, donde otras especies no pueden por esa dependencia con su forma de vivir más rudimentaria.

Nuestro cerebro es la clave de nuestro desarrollo que nos posibilita hacer aviones, cohetes e investigar pasando neuronas y energía de fuerza a neuronas y capacidad de razonamiento. Nos pusimos erguidos y podíamos tener mejor capacidad de observación desde esa nueva perspectiva. La fuerte evolución de nuestras neuronas en tan poco tiempo es un misterio que responde a una capacidad de adaptación sin precedentes en otras especies, aunque no podemos tener la clave de estos 2 millones de años, es una realidad que nos ha cambiado nuestra forma de vivir y de adaptarnos. Esta forma de movernos nos ha permitido tener manos para usar herramientas y hacer señales o incluso comunicarnos con otros. Fue un aspecto de la evolución muy significativo que supuso anteponer otras partes del cuerpo para conseguir una mejor adaptación.

El fuego trajo defensa y luz en las cuevas donde nos protegíamos, pero sobre todo cocción de alimentos que eran difíciles de digerir y que con un calentamiento cambiaban su forma y química permitiendo comerlos de forma sencilla, de forma más rápida y dedicar menos tiempo a comer aumentando la dieta y obteniendo más vitaminas y calorías para el organismo. Se acortó el intestino permitiendo alimentarnos con menos energía pasando de cinco horas a unos minutos en cada comida, esto sin duda favoreció al cerebro para hacer otras actividades y dedicarnos a otras tareas más intelectuales.

Somos unos 195 países con más de 7.500 millones de personas en un planeta que gira unas 24 horas una vuelta completa sobre su eje y a unos 150 millones de km a distancia media del Sol con una órbita completa cada 365,25 días. También los cambios de los movimientos orbitales de la Tierra han producido cambios en el clima que han afectado a los seres vivos en el transcurso de los siglos. En ese entorno peculiar con agua y otros productos químicos, que no se repiten en las mismas condiciones en el sistema Solar, permite la proliferación de vida.

Otra singularidad de nuestro planeta, que nos condiciona y nos define según nuestra propia composición, es que tenemos entorno a un 70% de agua y un 30% de tierra, estando esta agua en un 96,5% en los océanos y el resto dulce del 3,5% en lagos, glaciares que puede ser bebida para preservar la vida puesto que si no bebemos agua nuestra supervivencia se reduce a unos pocos días.

Los compuestos químicos más abundantes en la Tierra son el hierro en un 34,6% y oxígeno en un 29,5% siendo el núcleo un depósito de carbono con casi un 95% del total, una maravilla que nos permite delimitar los elementos y conocer sus reacciones químicas para formas otros compuestos. El cambio obedece a ciertas reglas que se han ido conociendo por lo que todo obedece a unos principios de funcionamiento que originan otras sustancias. Hay un aparente equilibrio y evolución producido en el entorno natural puesto que las interactuaciones condicionan unas sustancias, especies y elementos frente a otros.

La edad del universo conocido según algunos científicos se puede considerar como el tiempo que ha pasado entre el Big Bang y hoy. Las observaciones sugieren que esta edad es de unos 13,78 mil millones de años, con un margen de error de 20 millones de años. Los datos se basan en las mediciones de la radiación de fondo de microondas y de la expansión del universo. La radiación de fondo de microondas es una forma de radiación electromagnética descubierta en 1965 que llena el universo por completo y genera la fuerza entre los átomos.

Otra teoría del universo es la estacionaria donde indica que este es infinito y por tanto el tiempo también lo sería que es la que se postula como más convincente puesto que esta idea del Big Bang deja de resolver otras incógnitas como que pasó antes del inicio o de donde viene la nada, algo totalmente fuera de toda comprensión física.

Podemos tal vez llegar a un Universo observable pero falta mucho más por conocer, algo así como desconocer las Américas por falta de medios y que poco a poco se van conociendo nuevas galaxias y otras zonas mayores y más lejanas. Lo que está claro que a nivel cósmico hay mucho más de la conocido y que esto es inmenso para nuestra escala del tiempo finita. Como indicó Carl Sagan (1934-1996), refiriéndose a los conocimientos sobre el Cosmos, *"estamos ante un gran océano y sólo hemos metido los pies en el agua".*

La Escuela Internacional Superior de Estudios Avanzados de Trieste, en Italia, en un estudio, lograron calcular el número más aproximado del número de agujeros negros de masa estelar en el universo que se puede observar. En este caso, estamos ante unos agujeros que surgen cuando las estrellas muy masivas llegan a colapsar gravitatoriamente. Según la investigación de este equipo, se calcula que existen 40.000.000.000.000.000.000. Para que lo puedas llegar a comprender mejor, hay 40 trillones (mil millones de veces mil millones en la escala larga) de agujeros negros de masa estelar. Lo cierto es que únicamente equivale al 1% de la materia ordinaria, es decir, aquella materia normal, que no es oscura. Además, han calculado aquellos que están dentro de la esfera de unos 90.000 millones de años luz de diámetro dentro del universo observable.

Otro gran enigma es la que la materia visible del Universo es del orden del 5%, la otra se deduce por los campos gravitatorios y se denomina materia (27%) y energía (68%) oscura que no se conoce, pero tiene que ser de las partículas que deben generar esa otra parte importante de lo que puede faltar para seguir conociendo el inalcanzable espacio exterior. La oscura fue propuesta en 1933 donde se apreciaba una evidencia de una materia que no se ve y que influye en las velocidades de las galaxias.

De la famosa ecuación $E = mc^2$ de Einstein, que afirma que la energía y la materia (o masa) son intercambiables. Las reacciones nucleares del Sol y las realizadas en las centrales nucleares convierten regularmente materia en energía lo que explica esa capacidad del Universo de generar materia a través de su energía y generar nuevas formas que se van creando en esas transformaciones. De hecho, en 2021 Zhangbu Xu, del Laboratorio Nacional estadounidense de Brookhaven, se ha constatado que es posible crear directamente pares de electrón (que es materia) y positrón (que es antimateria) haciendo colisionar fotones (las partículas de la luz) que sean lo bastante energéticos.

La frase que a veces hemos escuchado atribuida a Albert Einstein de "Dios no juega a los dados", viene de una la frase original que dice "La mecánica cuántica es realmente imponente. Pero una voz interior me dice que aún no es la buena. La teoría dice mucho, pero no nos aproxima realmente al secreto del 'viejo'. Yo, en cualquier caso, estoy convencido de que Él no tira dados", donde rechazaba la teoría cuántica en una carta dirigida a su amigo Max Born. No estaba de acuerdo con las probabilidades subatómicas.

A nivel del universo hay leyes que manifiestan su relación, de igual forma debe ocurrir a nivel nanométrico. Tal como aparecen las estrellas por acumulación de materia hidrógeno y helio en el universo, así aparecen partículas subatómicas en el extremo cuántico con materia de quarks. Unas similitudes a diferentes escalas de distancia que se observa en ambos extremos.

También las estrellas se han constituido por quarks que formaron electrones, protones y neutrones y constituyen los productos químicos de hidrógeno y helio. Todo encaja desde la sopa original y con energía se fue creando la materia. Se observan y se intuyen unas leyes que lo construyen desde otros infinitos universos.

La materia biológica de la vida también está constituida por átomos como la materia inerte y a nivel microscópico tienen partículas que se mueven y la forman, aunque nos parece más compleja la biológica al disponer de información que permite réplicas y sistemas que le dan más capacidad de adaptación al medio y obedecen a ciertas leyes físicas que le permiten combinarse a interactuar entre sí.

A nivel subatómico cada átomo consiste en un espacio vacío de un 99,99%, es decir, materia en medio de una gran nada aparente visible y somos casi huecos en su estado de elementos básicos, aunque apreciamos la materia con continuidad por nuestros sentidos de la vista, pero es un efecto óptico. Somos polvo de estrellas y energía desde una realidad del universo de dónde vienen los elementos que nos conforman. Es fácil entender que a nivel macroscópico ocurre algo semejante con mucho vacío entre medias de galaxias y materia interestelar. Sin duda, la teoría que unifiquen las 4 fuerzas que conocemos es una consecuencia de cómo se repiten las leyes en todos los niveles que observamos, aunque seguramente lo observamos con cierta miopía sin descubrir el fondo que produce porque no tenemos los elementos o instrumentos adecuados.

Según la física cuántica, el vacío cuántico no es un lugar en el que no haya nada, solo ocurre que las partículas, las fluctuaciones y la energía que hay ahí son tan diminutas y tan efímeras que, por ahora, a nivel experimental resulta imposible extraerlas o transformarlas, las vemos de forma efímera en grandes aceleradores de partículas y nos quedamos admirados de que aparentemente a nivel nanométrico en tiempos muy breves aparecen partículas o las conseguimos detectar que van a grandes velocidades. Hace ya 2.500 años, Demócrito pensaba que la materia estaba formada por partículas indivisibles que les denominó átomos que nada tiene que ver con los átomos actuales que ya sabemos que son una parte de la materia. Con los avances de la física cuántica sabemos que existen partículas elementales todavía más pequeñas, pero en la historia siempre se ha pensado que la materia debe contener partículas indivisibles de la que se forma, eso es lo que nos parece indicar nuestra intuición y observación, aunque no hemos llegado a ese final. Los núcleos están formados por los denominados quarks que se agrupan para formar el protón o el neutrón.

De forma que, aunque la materia se nos muestra a nivel microscópico esencialmente vacía no podemos traspasar un muro porque existen campos electromagnéticos que impiden atravesar el muro. Por eso, el vacío, que no es la nada, tal como lo conocemos debe estar impregnado de campos de energía, esta energía es lo que puede explicar la materia oscura que explicaría la repulsión o atracción de las galaxias.

Ante el panorama de las partículas elementales que no hacen más que proliferar, se produce el invento de la teoría de la supersimetría donde cada partícula tiene su supersimétrica, así como la teoría de las cuerdas (como si de un violín se tratara) donde cada partícula tiene un estado de vibración. Son teorías que buscan explicar de forma matemática los fenómenos que no dejan de ser complejos por la falta de conocer una ley que los defina y que todavía se sigue buscando su encaje con lo que se observa.

Lo que si se observa es que las partículas se desvanecen en entidades ondulatorias o vibraciones y de forma que no se logra descifrar. Con cierta energía se transforman en materia y luego se vuelven a retrotraer. De igual forma, ocurre con las galaxias a mayor escala, es como si todo funcionara de una forma similar y el tiempo va secuenciando su evolución. Tal vez nos ocurre que no tenemos los medios de observación adecuados a unas escalas donde la realidad se vuelve inalcanzable.

En 2012, un experimento revolucionó el conocimiento de la materia cuando se comprobó y observó el bosón de Higgs en el CERN, una partícula elemental propuesta según la teoría estándar de partículas en

1964 y que explica la masa de las partículas elementales, no tiene carga eléctrica y se desintegra de forma muy rápida, vive unos zeptosegundos, una milésima de una trillonésima de segundo. Explica la enorme masa de los bosones vectoriales W y Z y la falta de masa de los fotones. En 2013 se concedió a Peter Higgs, junto a François Englert, el Premio Nobel de Física por descubrir de forma teórica y comprobado experimentalmente en el CERN en 2012 de un mecanismo para entender el origen de la masa de las partículas subatómicas. El universo de lo diminuto es más increíble que lo que nos puede parecer y siguen existiendo partículas por descubrir en la materia.

# CAPÍTULO 8. TECNOLOGÍA

*"Las grandes oportunidades nacen de haber sabido aprovechar las pequeñas"*.
Bill Gates, cofundador de la empresa de software Microsoft.

*"Es más fácil inventar el futuro que predecirlo"*.
Alan Kay, pionero informático en la programación orientada a objetos.

La influencia de la tecnología en la sociedad es algo evidente y contrastado con múltiples aplicaciones que nos facilitan nuestra vida y nos dan seguridad y confort. En distintas épocas, los avances tecnológicos han supuesto cambios determinantes en las sociedades a través del comercio, las comunicaciones, el transporte o el desarrollo de la medicina. Pero quizá nunca ha habido transformaciones tan drásticas en un espacio de tiempo tan breve como la que está en marcha, con cambios que transforman nuestro alrededor, tal como el patinete eléctrico que se pliegan en cinco segundos y nos permiten desplazarnos o el almacenamiento en la nube, millones de datos a nuestro alcance de forma casi instantánea. Esto cambios se producen de forma más acelerada debido a que hay más población interconectada con un conocimiento previo que permite seguir avanzando de forma más práctica, aunque los grandes descubrimientos se producen de forma más discontinua y esporádica.

El internet de las cosas, las comunicaciones 5G, la inteligencia artificial unida a la robótica, la automatización, son algunas de esas tecnologías que siguen transformando el mundo. Para prepararse para ello ya se está investigando en crear ciudades inteligentes. Así como en utilizar mano de obra robótica que nos libre de los trabajos más penosos y repetitivos y podemos conseguir un bienestar mayor.

Hace pocos años, en 1969 fue el año en el que nació Internet. Cuando se creó ARPAnet (Advanced Research Projects Agency Network), una red informática que permitió conectar a diversas universidades norteamericanas. Internet tal y como se concibe hoy en día, es decir, la World Wide Web (www), se presentó en 1991. Dos años más tarde el CERN abrió la web para su uso comercial. A partir de entonces la expansión de Internet fue fulminante y ha impregnado nuestra forma de entender el trabajo, las comunicaciones y las relaciones sociales.

Ya tenemos resuelto que la tecnología biométrica permite la identificación basada en el reconocimiento de una característica física única e intransferible de cada persona. Se utiliza en el reconocimiento facial para desbloquear diferentes aplicaciones como los móviles u otros equipos electrónicos. Pero también se puede basar en la huella digital, el iris o el reconocimiento del patrón venoso del dedo. La implantación de esta tecnología en la banca permite pagos seguros sin tarjeta y sin dinero en efectivo. También mejora la seguridad en las fronteras y aduanas.

Los implantes tecnológicos ya están probándose para curar enfermedades y para almacenamiento de información que pueden ser útil o para disponer de sensores que nos den información de constantes vitales para el seguimiento de las condiciones y control de ciertos medicamentos.

El Blockchain se impone con sus posibilidades en ámbitos como la seguridad cibernética. Un sistema financiero más seguro o para el voto por internet seguro y privado, entre otros ámbitos. La inteligencia artificial se utiliza en aplicaciones tan diferentes como la salud, la seguridad ciudadana, el transporte o la industria. En buena medida su implementación va ligada a algunas aplicaciones de la robótica.

Se hace común el uso del Internet de las cosas en redes domésticas de aparatos conectados a distancia. Sus aplicaciones prácticas y para la confortabilidad del hogar y la calidad de vida y entre ellos, las cámaras en red o los enchufes inteligentes, innumerables dispositivos se nos presentan con múltiples aplicaciones para mejorar el hábitat.

El metaverso nos crea un mundo paralelo 100% digital donde podemos replicar incluso con gemelos digitales la misma realidad, se puede experimentar, viajar y soñar en lugares que no podemos viajar físicamente como podría ser Marte o zonas desconocidas. Se abre un nuevo reto al conocimiento y a la imaginación que cambiará nuestra forma de pensar, ayudados del 3D y la realidad virtual, potenciado con la inteligencia artificial y sistemas expertos de aprendizaje con gamificación.

El WebMe permite la reinvención de internet con vidas digitales que se une al metaverso para darnos el potencial de conectividad instantánea a aquello que nos interesa y poder estar con otras personas de forma inmediata sin que las distancias sean un condicionante para experimentar la sensación de estar con ellos, algo frío, pero con fuerte potencial para aplicar en las empresas y crear grupos de trabajos y proyectos de gran eficacia.

Y en el universo virtual del metaverso habrá que definir nuevas leyes internacionales para trabajadores que pueden no estar en un territorio, sino que sus acciones se aplicarán a muchos países. Incluso podemos elucubrar con si sería posible una huelga de avatares. Ya existen miles de negocios a través de las redes con nuevos empleos en una movilidad virtual. La legislación se aplica dónde estás realizando tu trabajo, pero en el metaverso puedes estar en otro país o en varios que se replican, se abren otros universos por si ya tuviéramos pocos.

La biotecnología donde sus aplicaciones prácticas van desde mejorar la producción sostenible de alimentos a la creación de tejidos inteligentes, entre otras. Es un tema que daría para hablar muy extensamente porque ofrecen potenciales usos con materiales reciclados y ayudará a implantar efectos sostenibles con informática ambiental, realidad aumentada y materiales inteligentes que se adaptan y se reparan.

Nuevos mundos programables y virtuales unidos al mundo físico, incluso para aprender y aumentar el conocimiento, la Universidad será una experiencia virtual que nos aborda en aquello que nos da el conocimiento de forma eficaz y más rápida.

La ciudad inteligente no es una utopía inalcanzable sino algo sobre lo que empezar a trabajar ya para disfrutar en el futuro. Grandes y medianas urbes ya están implementando acciones con el desarrollo de la tecnología del futuro que harán de ellas espacios más justos, saludables y habitables.

Se obtienen resultados palpables como un menor gasto energético con energía renovable o una ciudad con menor delincuencia que evite la inseguridad. También en el cuidado de las personas para su bienestar y su salud. Reducción de los peligros para personas con movilidad reducida, ancianos mejor atendidos con dispositivos que los vigilan, consiguiendo su seguridad física y menos solos gracias a la robótica, la red 5G y la inteligencia artificial, aire más limpio que permita reducir las enfermedades derivadas de la contaminación. Los cambios están en marcha en el devenir del tiempo.

La tecnología actual ya comienza creando ciudades inteligentes más habitables, con recursos más distribuidos y sostenibles. Y se están sentando las bases para que la aplicación e implantación sea más rápida, se expanda y llegue a más personas. El efecto será transformador, aparentemente utópico, pero real y con un potencial increíble. Es difícil imaginar las ciudades en los próximos años con los avances tecnológicos cada vez más implantados.

Nos tenemos que preparar para el cambio en el tiempo porque todo fluye y la evolución tecnológica es imparable y el que no lo vea que se baje en el próximo tren y se quedará desligado de su potencial. Lo cierto es que la tecnología sigue siendo una palanca de mejora en la movilidad y el sector agroalimentario o en el sanitario, en las empresas, ayuda a mejorar la calidad de vida, a pesar de que se pueda ver como una amenaza en algunas aplicaciones.

La ropa inteligente que se adecua a la temperatura y las condiciones de humedad, así como que tienen memoria para reparar y plancharse son algunas de las nuevas experiencias que se convertirán en mejoras para el confort y salud. Móviles plegables con tecnología OLED y mayores capacidades de memoria y de velocidad de procesamiento. Las impresoras 3D capaces de hacer bio impresión para trasplantes. La realidad virtual y ampliada para viajar y tener nuevas sensaciones. La ampliación y mejora en datos con el 5G pasando a la nube, inteligencia artificial y sensores generalizado para obtener más información en tiempo real.

La simulación numérica es un frente potenciado gracias al potencial de cálculo de los ordenadores con mayores capacidades que permiten resolver problemas más complejos como la turbulencia, construcciones, diseño BIM y cuestiones que gracias a la aproximación con métodos de ecuaciones diferenciales ha logrado conseguir mayores avances tecnológicos en transportes como aeronaves, vehículos, edificaciones y medicina, entre otros usos.

Y es la tecnología lo que nos permite garantizar una mejor adaptación con múltiples soluciones para todas las ciencias y es donde el progreso se ha significado de forma más notoria gracias al cotidiano uso de la herramienta que supone su aplicación en cada caso. Ya no imaginamos un mañana sin móviles, cámaras, vehículos, aviones, drones y son productos de una reciente capacitación tecnológica, aunque nos parece algo habitual.

No se trata de enumerar todas las tecnologías sino de apreciar y fundamentar su impacto en la forma de trabajar y de reconocer el tiempo que nos toca vivir en base a los esfuerzos que como sociedad empleamos en mejorar la forma de comunicarnos, de transportarnos, de generar productos y servicios y de investigar para crear un mejor mundo de nuestros descendientes. La forma de pensar en mejorar y de esforzarnos nos identifica con la misma educación y capacidad para dar lo mejor de nosotros a los demás a base de trabajo, dedicación y esfuerzo porque el conocido éxito no llega de otra forma que no sea de esta forma.

En China se han confinado y aislado ciudades enteras para controlar la pandemia, con rigor y exigencia social para evitar la propagación de virus por el aislamiento promulgado de sus ciudadanos. Somos como sociedad una consecuencia de nuestra forma de actuar en base a reglas y controles de otros, de esta forma progresamos, aunque a veces retrocedemos en nuestro intento y nos autodestruimos por la forma de ver nuestro entorno, es la otra cara de la moneda, no todo es progreso y mejora.

Pues es la tecnología con su potencial la que nos permite modificar nuestro entorno produciendo cambios que deben ser respetuosos con el medio ambiente y creando la sostenibilidad que permita una verdadera transformación sin afecciones negativas al entorno porque vivimos en un lugar de recursos finitos como es la Tierra, aunque nos podemos proyectar a otros planetas explorando para continuar la humanidad ampliando y permitiendo la vida en otros lugares. Las razones son de supervivencia de raza y de necesidad de explorar que llevamos en nuestros genes, en ese afán de conocer y de llegar más lejos para entender y conocer nuevas oportunidades. Algo así como la búsqueda del oro que se produjo en el siglo XV en América, el afán de conseguir riquezas llevó a miles de personas a embarcarse en naves que naufragaban o eran atacadas por piratas o en tierra por tribus que se sentían amenazadas.

El afán por mejorar es innata y producida desde el comienzo de la humanidad en sus inicios. Aunque la de hace siglos nos pueda parecer una tecnología más tosca y sencilla fue importante para llegar a donde estamos. Hacer fuego y herramientas de caza son ejemplos antiquísimos de lo que somos capaces de crear para sobrevivir.

La diferencia tecnológica suele ser una consecuencia de la investigación científica y es que en ella se generan productos científicos y publicaciones que nos ayudan a resolver y entender, genera conocimiento que debidamente tratado y aplicado a un caso concreto puede generar innovación para mejorar en la vida.

El robot de la NASA Perseverance ha obtenido indicios de que hubo vida en Marte a través de muestras de agua y sal en el planeta rojo, lo que parece que fue potencialmente habitable, y está cerca y es unos de los millones de planetas que pueden tener semejante circunstancia. Está claro que no estamos solos, no hay más que ver la cantidad de especies que han proliferado sólo en el planeta Tierra.

En 2013, la NASA anunció el descubrimiento del satélite Kepler: dos exoplanetas que son casi iguales a la Tierra, sólo un 60% y 40% más grandes que la Tierra. Se encuentran a una distancia de mil doscientos años luz, en la constelación de Lyra y es posible que tengan océanos líquidos. Se parecen a la Tierra y aunque no podemos llegar hasta ellos pudiera ser que tuvieran formas de vida al darse condiciones similares a las nuestras, esto se repite millones de veces en el universo conocido. Está claro que no podemos estar solos.

Por ello, la tecnología para viajes interestelares va cogiendo forma desde los años 1960, incluso antes con la ficción como Julio Verne en 1865 en su "De la Tierra a la Luna" o Luciano de Samosata en el siglo II d.C. se imaginó un viaje a la Luna. Así, la sonda espacial robótica Voyager 2 tardó un tiempo de 40 años en ir a la heliosfera, con influencia del campo magnético del Sol, aunque para llegar a Sirio, la estrella más brillante, tardará 296.000 años, si llega. Las distancias para movernos por el Universo sin inmensas.

Carl Sagan se imaginó el navegar con sistemas solares para conseguir energía permanente con velas que se expanden o Stephen Hawking proponía naves con nanotecnología para alcanzar un 20% de la velocidad de la luz con tamaños diminutos, pero con cámaras, comunicaciones y sistemas de navegación. Otras iniciativas con motores de fusión nuclear que permitiría llegar a alguna estrella cercana en unos cientos de años. Algo que suena extraño, pero ha sido propuesto sería aprovechar la energía de los agujeros negros para impulsar la nave espacial que necesitamos conocer mejor y también llegar a ellos.

Para seguir conquistando el espacio exterior vuelven los viajes con la nave Artemis I provista de sistemas automáticos, se lanza con el cohete SLS y el módulo Orión a finales del 2022, el primer paso para volver el ser humano a la Luna, con un viaje de 42 días, y con la idea de 2025 volver con astronautas y continuar la aventura en 2033 hacia Marte. Después de 50 años se vuelven a recuperar los viajes con astronautas a la Luna, el anterior fue en 1972.

España también se posiciona con PLD Space que ensaya sus cohetes en el aeropuerto de Teruel, la primera empresa privada española que lanzará un cohete, la tecnología espacial está cada vez más cerca y diez países ya con capacidad de lanzar cargas al espacio.

Pero imaginando por qué no utilizar un enjambre de sondas espaciales interconectadas robotizadas diminutas con poca masa para conseguir mayor velocidad, cada una especializada en una parte de la misión, incluso redundantes por si alguna falla en el viaje de miles de años.

Es necesario un cambio cultural y formación continua cada vez más rápido para adaptarse a los fenómenos que generan nuevos procesos y sistemas que hay que asimilarlos como es la 3D, la visión artificial, los sistemas complejos o la digitalización de industrias o empresas de gestión. Sin ello, los cambios serán más lentos y penosos porque la mente debe ser capaz de asimilar y entender las transformaciones producidas para adaptarse a ellas y pueda ser posible su implantación en nuestra forma de vivir.

El proyecto apolo de la NASA implicó a 500.000 personas, aunque sólo 30.000 eran de la agencia, es decir, la colaboración y alianzas de grandes equipos ya se observa significativa desde la llegada del hombre a la Luna en 1969. Para conseguir grandes progresos hay que conseguir participaciones de muchas personas que permitan fortalecer los cambios y posibilitan realizar proyectos ambiciosos y disruptivos. Pero las investigaciones en tecnología siguen avanzando y existen potenciales realidades tales como los implantes controlados por el cerebro para sustituir manos o piernas perdidas por accidentes que emulan un funcionamiento más preciso y con mayor efectividad consiguiendo el movimiento con el pensamiento que detectan las señales y las transmiten a los sistemas electromagnéticos. También, se pueden desarrollar turbinas y paneles solares voladores que conectados con un sistema permiten obtener energía a otras capas mayores de la atmósfera, la imaginación se amplía a medida que se dispone de tecnología previa y el conocimiento y la formación se va generalizado en la sociedad. De hecho, la energía solar ya se utiliza para algunas aeronaves, plataformas voladoras a una altitud de 20 km, tipo HAPS, dirigibles o de ala fija, que pueden permanecer volando meses.

# CAPÍTULO 9. EVOLUCIÓN Y SOLIDARIDAD

*"No es el más fuerte de las especies el que sobrevive, tampoco es el más inteligente el que sobrevive. Es aquel que es más adaptable al cambio".*
Charles Darwin (1809 - 1882), biólogo, geólogo y naturalista británico

Se decreta el 31 de agosto el día internacional de la solidaridad, en conmemoración del inicio del movimiento "Solidarnos", fundado por el polaco Lech Walesa, premio nobel de la Paz en 1983. Fue el primer sindicato creado en Polonia. Su nombre significa literalmente en polaco: Solidaridad. Fue una organización que buscaba la dignidad laboral, la libertad y abandonar el régimen comunista en Polonia todo bajo una estricta política de no violencia.
La solidaridad requiere del esfuerzo de todos sobre todo de un colectivo. No estamos todos acostumbrados a dar a los demás sin esperar nada a cambio, pero requiere un esfuerzo personal, el darnos a los demás es una entrega personal, y esto se puede proponer en sociedades avanzadas donde la Administración mediante impuestos e ingresos de servicios públicos ayudan al resto de las personas.
Permite en los momentos difíciles ayudar a superar pestes, guerras, inundaciones y cualquier cataclismo

que afecte a sociedades enteras. La solidaridad tiene que superar las fronteras para ser internacional y conseguir ambiciosas metas dentro del ecosistema, la sostenibilidad, erradicar la pobreza, trabajo decente e igualdad, son cuestiones que se agravan en países subdesarrollados y zonas marginadas. Debe ser responsabilidad de todos conseguir una solidaridad universal que permita erradicar los males del mundo.

Las ONG alertan y avisan del incremento de las situaciones de necesidad que generó el covid-19, al igual los médicos y ATS en las urgencias donde no podían con las UCI saturadas y seguían llegando enfermos crónicos con necesidades de cuidados intensivos, la saturación era inevitable, no había tiempo de dar una respuesta adecuada. El caos se adueñó de la situación, las urgencias inacabables con pacientes en silencio, es decir, en estado final sin posibilidad de ir a una UCI. En bancos de metal con botellas de oxígeno esperando la muerte, una batalla sin enemigo visible, con falta de medios y de personal…. Aplausos y luego insultos porque no atendían a los familiares, culpables, pero quién, aplausos para qué, se necesita ayudar a salir y poner medios. Un ánimo de palmadita en la espalda, confinamiento, verano feliz y vuelta a lo mismo, salir para crear contagios y muerte, inevitable, doloroso, sigue y se repetía. Los ciudadanos se enfadan en urgencias, tensiones y nervios, heroísmos y mal "rollo" después de los aplausos.

Un gran impacto en la sociedad ha producido la pandemia como antes no se había experimentado. Grandes crisis que se producen en sectores donde se han visto en situación límite diferentes sectores como turismo, hostelería, restauración, transporte aéreo, cultura, cines, e innumerables negocios que cierran, con quiebras y miserias que se repiten por todo el mundo.

Los diferentes estados anímicos y el miedo a lo desconocido nos generan ansiedad, estrés y hace que lo pasamos mal, siendo controlado con la amígdala, el órgano que está situado en la parte central del cerebro.

A veces es más lo que nos bloquea nuestro cerebro que el peligro real. El pensamiento nos puede paralizar con un erróneo instinto de supervivencia. Un ejemplo actual son los cursos que se imparten a pasajeros que tienen miedo a volar donde se les explica como vuela un avión y se dan pautas de comportamiento para adaptarnos a lo desconocido.

Paradojas de las crisis, se debe intensificar la responsabilidad compartida frente al individualismo que parece necesitar el virus para aislarnos y evitar contagios. Y es la solidaridad lo que nos convierte en seres vivos de más nivel en esa forma de generar una sociedad que se complementa y que se ayuda para progresar y se especializa para para ofrecer mejores resultados. El tiempo, con la digitalización y la tecnología están dando un nuevo progreso que se adelanta a la biología y la adaptación de las personas, que tarda muchas generaciones, pero ahora somos capaces de acelerar el proceso del tiempo de adaptación.

La teoría de la evolución de Darwin ha dejado claro que los seres vivos evolucionamos, y de igual forma el Universo, también lo hace tanto las galaxias como las estrellas y por supuesto hasta una roca, cada uno a diferentes niveles de tiempo y actuación, progresa y cambia hacia otra situación temporal y en el caso de los seres vivos parece que vamos mejorando en nuestra capacidad de adaptarnos con mayores recursos.

Los primeros homínidos, antepasados nuestros, hace unos 2 millones de años, lo que representa unos micro segundos comparados con un año en la evolución del universo, se volvieron carnívoros, caníbales y con huesos atacaban a sus rivales de otras tribus, luchando por la caza y el dominio de nuevos terrenos. La necesidad de sobrevivir hizo agudizar el ingenio y desarrollar más la inteligencia frente a los acomodados que se quedaron en las selvas con abundancia de comida. La necesidad agudiza el ingenio, se dice. Sin duda, tener caderas más anchas nos permitió caminar recto y viajar a nuevos lugares lejanos, nuevas experiencias donde era necesario aumentar la inteligencia. La evolución nos permitió desarrollar una proteína que estimula la creación de neuronas llegando a ser los seres humanos los más inteligentes con un cerebro más complejo.

El ganar altura en el cuerpo fue un beneficio a la refrigeración del cerebro en la cabeza y posibilitó su aumento en volumen con una mejor alimentación para su funcionamiento con un peso de unos 1.300 gramos, aunque hay animales como el cachalote que le pesa unos 8.000 gramos. Otra constatación es que un cerebro grande requiere un estómago menor, entre ambos órganos se consume un 30% de la energía del cuerpo.

Hay evidencias arqueológicas de que los humanos modernos se originaron en África hace unos 200.000 años, podemos decir que llevamos muy poco tiempo en este infinito y como especie somos ambiciosos porque queremos entender ese inicio. Fue gracias a la molécula de la vida del ADN en doble hélice que lleva un código de la estructura química con la información de la especie, una maravilla de la genética descubierta por Francis Crick y James Watson en 1951 en la Universidad de Cambridge, y les valió el Premio Nobel de Química en 1962, con 23 pares distintos de cromosomas. ¿Por qué este número? Incluso investigaciones recientes se plantean que pueden existir otros.

Hay un paso de materia inerte a materia viva que se basa en organizaciones de la materia. Las macromoléculas del ARN y ADN, dada su complejidad, no parece que se hayan formado por el azar, aunque si se observa cierto impulso favorecedor a producir unas secuencias y no otras, en función de la información que reciben. Es como si la naturaleza tuviera patrones para adaptarse y evolucionar. Su estructura configura las diferentes formas vivas, desde una mosca hasta un rinoceronte, y diferentes características de cada especie que vienen en su código genético.

Con una estructura definida en nuestro ADN, somos parecidos, tenemos 206 huesos, entre 639 y 650 músculos y 24 costillas en 12 pares, 2 riñones y 20 dientes de leche. Todos los seres humanos compartimos el 99 % de nuestro ADN, por lo que las diferencias están en un 1 %, incluso las personas que son tan parecidas entre sí pueden tener porcentajes menores. Además, el parecido físico también podría suponer una semejanza en el carácter, relacionada con sus genes.

La ciencia sigue avanzando y científicos de la Universidad de Cambridge han creado un modelo de embrión 'sintético' con un corazón que late, cerebro y órganos en su etapa inicial, sin usar óvulo y espermatozoide. La investigación, que ha llevado diez años, imitó el proceso natural a partir de células madre de ratones cultivadas en un laboratorio e introducidas en una máquina que simula al útero. Se abre la posibilidad de fabricar órganos para ser sustituidos.

Nos diferenciamos por hechos fortuitos de la naturaleza como los meteoritos que extinguieron a los dinosaurios, cambios climáticos y acciones producidas por la supervivencia. Ya no sólo nacer, sino ser los que dominamos el planeta puede ser producto de una casualidad de hechos geológicos y desastres naturales que permite plantearnos la filosofía o hacer un ensayo sobre el tiempo como es el caso que nos ocupa. Así de cruda es la realidad. Nos movemos en un caos dentro de un orden, con leyes que afectan y podemos conocer, pero el futuro se nos presenta en ciertos parámetros impredecible.

Pero es sorprendente en la evolución donde hace apenas 16.000 años nuestros antepasados colonizaron América lo que trajo como consecuencia la extinción de especies grandes de animales que se cazaban para alimentarse. El ser humano ha sido destructor de la naturaleza puesto que para subsistir ha necesitado de animales y cambiar la naturaleza.

Y si fuera poco hace sólo 12.000 años comenzó la revolución agrícola que nos permitió asentarnos de forma permanente en un territorio determinado al poder cosechar y cuidar de ciertos animales y plantas de los que nos alimentábamos. Si bien la dependencia de la tierra no estaba exenta de inclemencias debido a los cambios meteorológicos lo que podían producir periodos de hambruna con muertes y enfermedades.

Fue la organización en el periodo de implantación agrícola lo que produjo, hace unos 5.000 años, los reinos para dividirnos en clases sociales, la escritura para comunicarnos con un sistema que permitía guardar los acuerdos y relatos y el dinero para el comercio e intercambio de productos por otros, de esta forma comenzar a especializar a las sociedades que se estaban configurando, y no ya de unos pocos individuos como eran los recolectores antepasados, sino en ciudades que crecían en número debido a su organización y sistemas de protección.

Otro hito de la evolución fue la acuñación del dinero universal hace unos 2.500 años que permitió el intercambio con una moneda aceptada por miles de personas y con un control de lo que luego serían las instituciones y los bancos, así como prestamistas. La economía y el intercambio de productos y servicios mejoró el estatus social de las personas.

Y fue la sofisticación de los últimos 500 años lo que generó la revolución científica, y pensar que son tiempos muy cortos y que ha ocurrido hace muy poco tiempo. Se aplica el método científico que permite desarrollar la tecnología y la ciencia de una forma metódica con miles de aplicaciones para el desarrollo del transporte y la logística, otro de los elementos claves del desarrollo de las urbes. Incluso nos atrevimos a conquistar América y conquistar nuevos territorios con armas y barcos, llegando el capitalismo que nos posiciona con efectos en la creación de empresas y riqueza con mano de obra especializada en industrias y manufacturas de diversa índole.

Pero es el progreso y esa capacidad de medir cada vez mayor lo que nos hace descubrir nuevas enfermedades o acciones externas que antes no se podían anticipar o evitar y que ahora con tecnología y ciencia somos capaces de cambiar y solventar.

Las manifestaciones, los grupos, sindicatos, asociaciones, grupos de interés son ejemplos de solidaridad donde u conjunto de personas defienden y reivindican sus derechos y opiniones sobre diferentes aspectos. Somos solidarios en general pero más cuando nos afectan sus reivindicaciones en nuestra vida o forma de pensar, y vuelve aquí la educación a ser un factor clave para ser solidarios.

La solidaridad es la fuerza que permite la colaboración mutua entre individuos y ayudar a evitar desastres como guerras, enfermedades, epidemias, delincuencia y otras consecuencias derivadas si no se llevar a cabo. Es a su vez, la evolución que nos permite entendernos y ser defensores de los demás más allá del instinto natural de supervivencia, guiados por conductas aprendidas y formas sociales de comportamiento.

Aunque nos parece que hay conductas propias, estas han sido parte de la evolución, como andar erguido con dos piernas, que debió suceder hace unos 4 millones de años, aunque podría ser antes, tras descender de los árboles donde estaban los primeros primates para defenderse de sus enemigos o la evolución del cerebro que nos ha permitido hacer herramientas con las manos o disponer de un lenguaje más elaborado que meros gritos.

Por los estudios que se disponen del ADN parece que el origen de la humanidad se localiza en África, después de superar cambios de clima, calamidades e inclemencias naturales de todo tipo, lo que ha ido forjando a la raza actual a través de cambios de adaptación que nos permite seguir evolucionando de una forma natural.

Pero, ¿cómo serán los humanos en el futuro?, podemos imaginarlo a raíz de lo iniciado en la evolución de las especies y de las evidencias de los cambios producidos en estos últimos millones de años, aunque representa un infinitesimal en el desarrollo del resto del universo. Parece que nuestro cerebro será cada vez más grande hasta cierto límite, con una capacidad mayor para asimilar las nuevas adaptaciones que incluso serán biónicas. Tiene un límite nuestro cerebro porque el consumo de energía y el peso condiciona la cabeza que podemos tener. Podrán ir desapareciendo las muelas del juicio, el coxis, el apéndice y elementos que ya no se usan y son del pasado.

También ha ido aumentando la vida de los seres humanos desde su origen gracias a la medicina, la capacidad de adaptación con erradicación de muchas enfermedades y de las malas condiciones de salud. En España ha crecido en unos 40 años en los últimos 100 años y ha aumentado en 10 años desde 1975 de media en 70 años hombre y 76 mujeres, a 2021 en 80 años hombres y 85 años mujeres. Y parece que seguirá aumentando.

Sin embargo, todavía no sabemos nada de la consciencia, es decir, de donde viene la capacidad para saber que existimos y que tenemos un final, así como plantearnos nuestra posición en el Universo inmenso. Además, no sólo el cerebro, también el corazón tiene muchas neuronas, es la memoria celular. Por ello, el conocimiento de nuestra capacidad sigue teniendo zonas incomprensibles y no definidas en su situación.

La física cuántica nos ayuda a desempeñar esa información para reconocer donde están nuestros recuerdos. La teoría de los microtubos para explicar la consciencia del Premio Nobel de Física 2020 es un paso hacia la comprensión de nuestro ser y esencia que nos diferencia uno de otro. También se avanza para añadir dispositivos en nuestro cerebro que permitan desarrollar ciertas capacidades de memoria y razonamiento, así como sensorial. Si comparamos, los ordenadores son muy rápidos haciendo cálculos, pero no tienen consciencia y esto es básico para tener inteligencia. Por ello, la denominada inteligencia artificial todavía no lo sería al no disponer de esa posibilidad de tener consciencia.

# CAPÍTULO 10. EL FLUIR DEL TIEMPO

*"No hay muerte, pero tampoco permanencia de las individualidades numéricas. Sólo permanece la sustancia única (la materia – alma universal) mutándose en nuevas individualidades".*

*"El tiempo todo lo da y todo lo quita; todo cambia, pero nada perece".*
Giordano Bruno (1548-1600), poeta, filósofo, astrónomo.

Un adelantado a su época, Giordano Bruno, del que quiero brindar un recuerdo, fiel a sus ideas y perseguido por ellas, fue acusado de hereje por la Inquisición porque indicaba que la Tierra giraba alrededor del Sol y afirmar que en el Universo había millones de planetas habitados por seres inteligentes, acabó sus días en la hoguera. Era el hombre que defendía el infinito, por eso le dedico estas líneas. Sin duda, incomprendido en su tiempo, con ideas que 450 años después son debatidas y aceptadas por los científicos. Con intuición y con largas y meditados discursos filosóficos llegaba a la conclusión de que nada cambia puesto que todo parece tener una continuidad, que el universo era infinito e incluso la muerte producía elementos que continuaban y que el vacío se completa con éter, aunque ahora se descubren partículas elementales. Sin la capacidad matemática y científica que tenemos ahora tuvo la osadía de proponer ideas que eran revolucionarias para su época, una época reciente de la que todavía nos cuesta avanzar.

Acabar las reflexiones del tiempo recordando como empecé con Antonio Machado, "Era un niño que soñaba" que se publicó por primera vez en Campos de Castilla, en el segmento denominado "Parábolas". Construye una imagen completa sobre la vida humana, pasando por la niñez, la adolescencia, la madurez y la ancianidad.

*"Era un niño que soñaba*
*un caballo de cartón.*
*Abrió los ojos el niño*
*y el caballito no vio.*
*Con un caballito blanco*
*el niño volvió a soñar;*
*por la crin lo cogía...*
*'¡Ahora no te escaparás!'*
*Apenas lo hubo cogido*
*el niño se despertó.*
*Tenía el puño cerrado.*
*El caballito voló.*
*Quedose el niño muy serio*
*pensando que no es verdad*
*un caballito soñado.*
*Y ya no volvió a soñar.*
*Pero el niño se hizo mozo*

*y el mozo tuvo un amor,*
*y a la amada le decía:*
*'¡Tú eres de verdad o no?'*
*Cuando el mozo se hizo viejo*
*pensaba: Todo es soñar,*
*el caballito soñado*
*y el caballo de verdad'.*
*Y cuando vino la muerte,*
*el viejo a su corazón*
*preguntaba: '¿Tú eres sueño?'*
*¡Quién sabe si despertó!"*

Pues, eso es, el tiempo fluye, ya es sabido, ya es experimentado, no lo podemos parar, y forma parte de la evolución cambiante y necesaria del universo, contra esto nada podemos hacer. Llegados hasta este punto nos podemos preguntar que nos queda de nuestro devenir, será aprovecharlo dentro de cada una de nuestras posibilidades, no usarlo para destrozar, ni buscar fines ilusorios, tal vez hay que ser prácticos con cierto sentido de nuestra transcendencia y visión del más allá personal de cada uno, pero fijándonos en no ser un impedimento para que otros puedan vivir. Y esto es la más difícil tarea que tiene el ser humano y de la que todavía la ciencia no ha encontrado respuesta.
Seguimos esperando el tiempo, el fluir, el conocer y el devenir, pero luego silencio y muerte para dejar la consciencia y fluir la materia en el universo de forma inevitable, somos polvo de estrellas, con los átomos que vienen de restos de estrellas antiguas de hace

millones de años. Observamos estrellas que se crearon hace millones de años con la luz que nos llega y mientras el universo se expande en una zona que parece tener un origen pero otros universos en otros lugares podrían existir antes con lo que el tiempo existió, existe y existirá porque el fluir de la materia parece inevitable, la entropía continua su evolución y los ecosistemas siguen alterándose y es precisamente el tiempo lo que marca que las especies y la vida es algo medible y cuantificable aunque sea en cantidades y números infinitos, con observaciones más allá de donde somos capaces de llegar. No es como ir a América en el siglo XV, ni viajar a Marte en una gran odisea, es observar que los millones de galaxias no parecen tener fin hasta donde podemos intuir por las señales lumínicas que nos llegan. Somos parte de ese universo en cantidades infinitesimales con memoria, inteligencia y un cerebro que procesa información para adaptarnos y preguntarnos qué hacemos, dónde estamos y hacía donde vamos, casi nada.

¿Y si el tiempo no fuera como lo conocemos?, fluyera de forma discontinua, no siempre de la misma forma, creando incluso interacciones entre él, si algo de lo que pasa ya se sabe o de lo que tenga que venir ya está escrito. Pues todo esto ha llevado a cientos de teorías y corrientes filosóficas para hacernos ver lo que somos y quien nos controla. En una sociedad donde estamos identificados e internet se comporta como un observador mundial que conoce tus datos dónde estás y como te mueves, nos convertimos en una parte de esa evolución hacia el movimiento o a un futuro que siempre está por llegar.

Nos movemos, progresamos a través de miles de años para adaptarnos y sobrevivir buscando alimentos de forma sencilla, buscando conocimientos que nos permitan mejorar y explorando nuevos territorios por el Universo para intentar entender que hacemos desde hace tan poco tiempo en una inmensidad que se nos presenta infinita y de la que no vemos su final.

Los excedentes de alimentos permitieron que se crearan aldeas y que los seres humanos nos fuéramos socializando y abarcando mayor unión, mientras algunas de nuestras necesidades básicas se iban resolviendo. Fue en ese sentido lo que nos ha permitido evolucionar más que los animales y plantearnos la ciencia y la investigación de una forma más elaborada y experta. Creemos que podemos dominar la naturaleza, pero siempre nos sorprende con sus leyes y forma continua de proceder, averiguamos con nuestra abstracción fórmulas matemáticas que nos desvelan cierto orden y repetición de movimientos y fenómenos naturaleza. Es curioso que los dueños de animales domésticos hablan con ellos, incluso algunos sentimientos son correspondidos.

Todo lo conocido tiene su fin incluso el Sol que tiene una vida aproximada de 4.570 millones de años, pero hay otras estrellas. Estudiando estrellas similares y la composición del Sol se puede predecir los años que le quedan para su muerte, su masa cambia poco durante su vida, pero su temperatura y su tamaño van variando mucho a través de su desarrollo de su fusión nuclear producida fundamentalmente por fusionar hidrógeno en helio. Cuando comience a agotarse el hidrógeno se hinchará para transformarse en una estrella gigante roja. De los estudios de Orlagh y colegas se ha estimado que le quedan 11.000 millones de años de vida. Así que, sin prisa, pero sin pausa la civilización tendrá que buscar otros lugares para continuar la expansión de la biosfera que necesita de la energía solar para su funcionamiento.

Nos guste o no, las propiedades que tenemos se extinguirán y las formas de vida deberán evolucionar hacia lugares habitables o exoplanetas que pueden estar a miles de millones de kilómetros donde de forma artificial o por acción de la naturaleza se producen condiciones adecuadas para la vida y la recirculación de la materia que promueva el resurgir desde los átomos la vida.

No fue desde hace 8.500 años cuando comenzaron las poblaciones como aldeas y todavía estábamos en organizaciones básicas de unión con sus correspondientes problemas por la carencia de lo que ahora llamamos bienestar e higiene corporal. Los baños y las duchas como los conocemos son del siglo XIX. Si hace muy poco no éramos una especie que permitiera deducir nuestro posible progreso ni seguramente se lo planteaban.

La mitología y creencias también dieron el sentido a una vida muy arcaica y penosa que hace miles de años se basaba en subsistir, cazar y protegerse de otros animales. Los restos arqueológicos han descubiertos elementos que se hacían para protegernos de los espíritus, de lo maligno, del más allá y dar cierto poder sobre el resto de la tribu o del grupo del que formaran parte. Era la ley de que el más fuerte, sabio, astuto o inteligente se superaba e imponía frente al resto de sus congéneres.

Fue hace unos 2.000 años cuando en las dinastías chinas y luego en Roma se recaudaban impuestos de la población de millones de personas para crear ejércitos, carreteras y edificios para los reyes y la compleja burocracia que ordenaba la vida de los agricultores que eran cerca del 90% de los ciudadanos. Una cooperación que no solía ser igualitaria, ni siempre respondía a buenas formas incluso presentaba amenazas y castigos severos para los que no obedecieran las leyes y códigos impuestos a otros para garantizar el funcionamiento del llamado orden de las cosas.

Como curiosidad los anfiteatros romanos fueron construidos por esclavos para que los ricos se divirtieran viendo como los propios esclavos se mataban y se defendía de un león o combatían entre gladiadores, pan y circo para tenerles entretenidos y conseguir prebendas donde la avaricia y el poder comienzan a hacer estragos en las sociedades.

Algunos códigos antiguos nos relatan diferentes clases sociales y distaban normas para su diferente comportamiento y castigos según el rango social, otros más modernos tratan a todos como iguales ante la ley, aunque en nuestra realidad biológica somos parecidos, pero todos somos diferentes entre sí, aunque buscamos aspectos comunes que nos identifiquen para que las leyes nos permitan convivir e incluso castigar a aquellos que las infrinjan o no las cumplan.

En el siglo XVIII, dos grandes pensadores, Newton tuvo un desencuentro con Kant sobre el tiempo afirmando que existían dos tipos de tiempo, el absoluto y el relativo. El absoluto decía que era el verdadero, el que no se puede parar, y no deja de avanzar y al ser muy religioso lo atribuía a Dios, y el relativo depende de nuestra existencia y percepción. Sin embargo, Kant más filosófico, explicaba desde su visión indicaba que el tiempo era una forma pura de la sensibilidad. Otros como Einstein le otorgó un valor derivado de la relatividad especial.

Si nos vamos a algún diccionario, indica que el tiempo es una magnitud empleada para medir la duración o separación de los acontecimientos. La única forma que tenemos para medirlo es por el movimiento, como puede ser el de la Tierra alrededor del Sol.

Pero todas las personas han evolucionado de forma diferente, ninguno somos iguales a los demás, nuestros genes son diferentes y aunque tenemos ciertos rasgos similares, cada persona es única y de momento irrepetible con su forma única de pensar y de tomar decisiones. Todos los seres vivos venimos de una bacteria con menos de 600 genes que ha ido evolucionando, el último antepasado común universal. Las personas tenemos unos 30.000 genes que proceden de una bacteria ancestral.

Tenemos comportamientos similares motivados por la educación y las normas impuestas en la sociedad, aunque incluso nuestro cuerpo es mutable con el tiempo, se regenera la piel, crecemos, las neuronas cambian y todo nuestro organismo va mutando durante su vida, algo que nos va cambiando internamente en nuestro aspecto incluso exterior, pero por supuesto a nivel celular vamos cambiando.

La felicidad y la libertad son conceptos en los que nos identificamos, aunque no existen en la naturaleza ni en la biología y que son difíciles de cuantificar porque dependen de cada persona y son en el fondo una cuestión subjetiva o moral. No todos somos felices con las mismas cosas y seres queridos, y no todos nos sentimos igual de libres en una determinada sociedad. Para ser felices debemos tener claros los objetivos que nos motiven, perseverancia para adaptar las neuronas al reto y una actitud positiva para producir endorfinas.

Para ser más precisos, perseguimos la búsqueda del placer como seres biológicos y la capacidad de movimiento, por eso la pandemia nos ha frustrado y producido tantos problemas psíquicos al no poder movernos con facilidad. Incluso son conceptos que se contraponen a no hacer daño y no traspasar la libertad de los demás, es decir, no sabemos cómo están los derechos humanos en conceptos que se aprenden y responden a una actitud en la vida motivada por la necesidad de tener un orden moral definido por ciertas personas que nos tenemos que acomodar. Aunque nos parezcan justos y adecuados sólo responden a nuestra necesidad de regular la naturaleza y de aceptar unas normas que nos permitan convivir en una sociedad. No quiero decir que no sean conceptos morales adecuados para la convivencia, pero es cierto que no existen en la naturaleza como tal y son inventados y aprendidos por los seres humanos para garantizar una sociedad que prospera y respete a los demás, aunque también sabemos que algunos no los cumplen. Incluso podemos pensar que algunos no son justos según nuestro criterio o valor moral.

Nuestra fragilidad es evidente, lo vemos en una erupción volcánica estromboliana como la de la isla de La Palma en septiembre 2021 donde nada pudimos hacer contra los fenómenos de la naturaleza sino huir de la lava y de los gases que lo producen. Queremos controlar la naturaleza, pero somos parte de ella, y no podemos variar su evolución macroscópica e inmensa, si bien realizamos adaptaciones infinitesimales a nuestro alrededor como remediar enfermedades, construir edificios o carreteras, es decir, adaptamos en nuestro entorno parte de la naturaleza para evitar el devenir de forma más abrupta y así creemos dominar aquello que nos domina y nos lleva.

No sólo actuamos y modificamos el medio ambiente sino también influimos y cambiamos la economía como es el gravamen sobre los combustibles que afectan a las empresas en su logística, y con el tiempo en los precios de los servicios que se dan a los clientes. Todos buscan ganar, ya sea dinero o energía en la naturaleza y en cada proceso desaprovechando o perdiendo un porcentaje lo que hace que sean movimientos que no son eficientes en calidad y ello exige una cantidad importante de reservas en los ecosistemas para no perder esa capacidad. Si sumamos que la población sigue creciendo en número y los animales, para su alimentación también tenemos los elementos de la ecuación para ver que cantidades finitas llevarán en varios siglos a colapsar la capacidad de generar alimentos para la sociedad futura, y eso que se ve muy lejano está ya pasando en algunas zonas del mundo donde, o no llegan alimentos, o no se pueden producir por la falta de medios.

También queremos alargar el tiempo con modificaciones genéticas del ARN, el llamado LINE-1, que con alteraciones del ADN puede retrasar el envejecimiento fisiológico de nuestras células y animales. Ya se ha probado en ratones con resultados positivos lo que abre una discusión ética y moral para crear personas con menos enfermedades, más guapos, más longevos y más inteligentes, se podrían frenar los efectos menos favorables de la genética y transformar a las personas en seres más adaptados a su entorno, de eso se trata la supervivencia del ser humano.

Hay individualidades como Elon Musk, el más rico del mundo, un visionario que quiere cambiar el mundo. Comenzó con los pagos digitales a través de PayPal.

Posteriormente, Tesla, centrada en la electrificación del automóvil. Más tarde, SolarCity con el objetivo de poblar tejados con paneles solares. Sigue SpaceX para colonizar Marte y con la neurotecnología para implantar chips cerebrales en personas.

Pues eso, el tiempo ha pasado desde que comencé a escribir el libro o comenzó su lectura y espero que haya suscitado la inquietud de su inmensidad, aunque trascienda a las personas y perdure para seguir fluyendo en la forma de dar un sentido a lo que avanza entre medias de erróneos pensamientos y problemas sociales. Espero que aporte un razonamiento de lo que experimenta un ser humano después de cierta experiencia, conocimientos y viajes por la Tierra y que ha observado y leído sobre lo que somos en el siglo XXI, aunque nos queda mucho por seguir conociendo y de lo que podemos aprender de nuestros antepasados. Transmitir a otros nuestras propias vivencias es algo maravilloso que debe ser lo que nos enriquezca y nos permita evolucionar y reconocernos y conocernos cada vez más, en eso espero que sea identificado.

El tiempo entendido como el continuo devenir es un sustantivo con varios significados, incluso para referirse a cuestiones meteorológicas, pero aquí siempre me he referido al paso de nuestra vida que sigue siendo un misterio apreciado por nuestro cerebro y que se ha definido por las personas para medir como cambiamos y cambia nuestro alrededor. No sabemos si existe en una realidad exterior, pero creemos que lo dominamos y la vemos en su evolución, es una sensación que nos lleva a ir adaptarnos con el paso del tiempo y nos ha movido a calcularlo, compararlo y estudiarlo en su historia de la humanidad y del Universo. Es el inexorable paso del tiempo lo que nos lleva a envejecer y apreciar que somos finitos como elementos biológicos de la naturaleza, aunque muchos actúan como si se prolongaran en el tiempo siendo los que se recuerdan en nuestras mentes y son recordados en la historia y en los libros. Nos mueve ser apreciados, ser queridos y ser parte de un mundo que cambia y que nos premia si nos adaptamos y gustamos a los demás.

En el universo siempre vemos hacia el pasado como ocurre con el telescopio James Webb y las galaxias que tienen tanta masa que parece que deforman el espacio-tiempo, aquí vemos que el tiempo debe estar relacionado con su espacio e incluso con su materia porque sin esos ingredientes nada se puede medir ni referenciar lo que según nuestra mecánica dejaría de tener un conocimiento exacto. Podemos ver galaxias que antes nunca se habían visto visualizando el espectro por lo que podemos conocer su composición química, incluso vemos galaxias de imágenes de cuando se estaba formando la Tierra. Lo más lejos son imágenes desde 700 mil años después del nacimiento del Universo conocido, recalco esto porque no sabemos si nuestra miopía sólo nos deja ver una parte pequeña pero inmensa del universo que podría existir.

De hecho, la Nubes de Magallanes las vemos como eran hace 168 mil millones de año luz, es decir cómo eran hace 168 mil millones de años, casi nada para ver una imagen que mientras eso ocurría no existía vida en la tierra y ahora somos capaces de captarla. Da cierto repelús saber que conocemos el nacimiento del universo, de estrellas o agujeros negros que se tragan a la materia, pero allí están y forman parte de un sistema del que somos elementos microscópicos que no son capaces de comprender su inmensidad, teorías muchas, pero no podemos llegar al infinito.

Incluso los cambios no paran de suceder desde lo más pequeño hasta galaxias enteras como que se producirá una fusión galáctica cuando la Vía Láctea acabe colisionando con la galaxia de Andrómeda, nuestra mayor y más cercana. Los astrónomos de la NASA utilizaron los datos del Hubble en 2012 para predecir la colisión frontal entre las dos galaxias espirales, estimado en unos 5.000 millones de años y entonces los planetas y estrellas alterarán sus órbitas. Por cierto, nuestra galaxia, la Vía Láctea, se denomina así gracias a los griegos que la relacionaron con la leche del pecho de una de sus diosas, Hera, la esposa de Zeus al amamantar a Hércules. Los dioses imaginados ya venían de sitios desconocidos,

A nivel microrganismos hay alteraciones organolépticas (color, sabor, textura, …) de alimentos o valor nutritivo que no es nocivo para la salud, pero otros alteran y contaminan modificando los productos facilitados por la luz, la temperatura o el aire. Algunas bacterias, virus y hongos afectan atacando a nuestras células, las matan o les quitan el alimento para de esta forma producir enfermedades que pueden ser mortales. Esa vulnerabilidad y dependencia del entorno nos hace proclives a diferentes efectos que nos afectan de forma fisiológica con diarreas, mareos, fiebre como síntomas, pero producen reacciones en nuestra vida al tener que estar en cama o sentados porque nos debilita los que son menos dañinos. Esa continua lucha con el entorno es parte de la adaptación que tienen que tener todos los seres vivos y que representa la forma de erosión.

Pero también existe la propia destrucción de la persona con drogas que crean adicción, a pesar de que son prohibidas, se trafica, se venden o se juega con videojuegos que nos encierran en un mundo irreal. Existen miles de cárceles inhumanas donde impera la ley del que tiene dinero vive mejor, con miseria, enfermedades y peleas. El ser humano en ciertas condiciones se autodestruye y se enfrente a sus compañeros para subsistir o imperar la ley del más fuerte, algunos los animales desarrollan conductas similares. La historia se repite en otros contextos. Difícil de erradicar por falta de medios, aunque es una labor política que se basa en mejorar los sistemas educativos y las condiciones sociales de las ciudades. Se tratan en centros a drogadictos que presentan síntomas de esquizofrenia producida por sustancias alucinógenas que les llevan a imaginar imágenes horrorosas irreales pero que las interpretan como reales. En estos casos, el cerebro actúa creando un mundo paralelo que lleva a distorsionar la realidad.

Hoy estás bien, pero puedes sufrir con enfermedades terminales que te pueden destruir los huesos u otros órganos, la fragilidad, la degeneración se reactiva, somos breves en una vanidad que nos tiene que hacer recapacitar antes de dejar de vivir. La frivolidad de las personas que piensan llegar lejos en un subir por la esclarea social, aparente, para luego caer peldaños y llegar a desaparecer sin pena ni gloria. Debemos buscar algún sentido a nuestros actos y ser más respetuosos, difícil tarea en nuestro tiempo.

Tal vez nos preguntemos para que sirve y si tiene un sentido su fluir para degradar la materia y componer nuevas formas. Preocupados por sobrevivir o buscar explicaciones con sentido o sin tenerlo, pero en definitiva viviendo.

Lo que no parece tener el universo es borde o límite porque lo que vemos está en continua expansión, es similar a lo que ocurrió cuando se pensaba que después de los océanos vistos desde la costa había un abismo y un final, algo absurdo actualmente.

Pero el tiempo es lo que no queremos que sea y será lo que no queremos que llegue, sin embargo, puede ser algo que nos explique lo que somos, aunque siempre estemos esperando que llegue un mañana mejor o una mejor experiencia o un mejor devenir....

Esa ilusión por lo que está por venir es el motor de nuestra existencia para conseguir lo que se realiza con estudio, esfuerzo o dedicación. La denominada suerte en la vida te tiene que coger trabajando o preparado.

Sin embargo, debemos considerar que la tecnología en algunos casos produce efectos adversos como la bioacumulación de productos nocivos en organismos vivos que está produciendo alteraciones a una velocidad que no permite la asimilación y produce efectos negativos en la cadena trófica, como por ejemplo en los años 50 la muerte de pescadores y gatos en Japón al comer pescados que estaban cercanos a una fábrica que vertía mercurio. Las cantidades químicas ingeridas pueden llegar a valores que no sean asimilados por el cuerpo y producen alteraciones biológicas que no son capaces de adaptar al producirse de forma invasiva y en cantidades mayores de las que se pueden asimilar. Una observación continua de los ciclos de diferentes sustancias químicas como el carbono, el fósforo o el nitrógeno es vital para regular que los ecosistemas pueden seguir produciendo los necesarios nutrientes y que el ciclo no se altera para producir esos efectos negativos que se deben vigilar y controlar a medida que se van conociendo,

Volvemos al punto de partida, el tiempo infinito, si acaba este libro sólo puede ser un paso infinitesimal de reflexión en su devenir en su intento de comprender aquello de lo que no disponemos todos los datos ni su verdadero fundamento porque algo tan fundamental como el tiempo no deja de ser sino una percepción de la realidad y que tal vez pudiera ser otra cosa.

Seguimos buscando, esperando y conociendo, pero en lo básico y esencial no sabemos ni para qué, ni cómo de eso del tiempo que no para, que no se detiene y del que no podemos entender. Mientras pasa el tiempo, disfrutemos el tiempo e investiguemos lo que puede ser, y queda una reflexión final:

"Sea el tiempo lo que sea, es aquello que nos define y nos da la pauta para entender y comunicarnos porque ordena nuestra percepción y nuestra consciencia".

# Corolario

Tras las reflexiones sobre el tiempo más que infinito y los argumentos que lo corroboran podemos postular los siguientes axiomas de la **Teoría de los Infinitos Universos**:

1. El tiempo es infinito con infinitos Universos.

2. Los Universos están compuestos de materia y energía que se replica de forma recurrente atendiendo a una misma ley.

3. Los Universos están conectados por los agujeros negros que son sumideros de materia y energía que conectan universos con una fórmula universal de Einstein generalizada:

$$G = \sum_{i=1}^{\infty} E_i = \sum_{i=1}^{\infty} m_i \, c^2$$

Siendo,
G = energía total (god)
$E_i$ = Energía de cada universo
$m_i$ = Masa de cada universo
c = velocidad de la luz

4. La consciencia se genera por la combinación de materia y energía, por ello todos los universos y unidades menores tienen una consciencia determinada que les permite adaptarse a su entorno.

5. La evolución hace que el tiempo permita la adaptación de la materia a valores de energía que minimicen su entropía.

6. Las fuerzas son manifestaciones de existencia de la materia y la energía.

7. Las fuerzas se producen por distorsiones del espacio que produce curvatura que se manifiesta con la dirección curvada de la luz.

8. La energía es resultado de la curvatura del espacio, materia y la velocidad, se manifiesta con la fuerza.

9. La fuerza y la energía son únicas, aunque se transforman al combinarse con la materia.

10. La materia se compone de partículas elementales que generan elementos químicos que producen diferentes propiedades.

Breves explicaciones de la Teoría de los Universos infinitos:

Vivimos en un universo al igual que unas carpas habitan en un estanque, conocemos nuestro mundo, aunque no podemos ver más allá y creemos que es más limitado, aunque lo vemos inmenso en millones de galaxias. Lo cierto es que los físicos ya explican los agujeros negros que serían sumideros de cada universo para interconectar con otros mundos o universos con materia y energía. El universo no tiene límites y no puede de otra forma que no sea infinito en la suma de todos los universos que existan, aunque no los conozcamos.

Aunque hemos puesto origen a nuestro universo lo cierto es que representa lo observable que es una infinitesimal parte de lo infinito, y por ello aparentemente nuestro entorno tiene un inicio como nuestra vida, pero el conjunto se presenta infinito que no lo podamos evidentemente ver ni alcanzar. Por eso vemos imágenes de galaxias de hace miles de millones de años en el pasado con telescopios como el Webb pero hay infinitas que no vemos.

La ecuación de Einstein relativista de la transformación de materia en energía se puede generalizar para todos los infinitos universos que se manejan en un tiempo infinito replicando con la misma ley y reduciendo diferentes mundos con una visión de su materia.

La consciencia que tanto debate produce para percibir la realidad, reconocer que estamos y tener pensamientos que nos permitan comunicarnos, experimentar y escribir está producida de la combinación de materia y energía que tenemos. De igual forma, el resto de los seres vivos y materias, como incluso una galaxia u otras entidades también son susceptibles de tener consciencia, aunque no seamos capaces de comunicarnos con esas materias formadas de elementos químicos al igual que nosotros.

Hay un dicho de que las únicas cosas seguras son la muerte y los impuestos, bromas aparte, si bien la muerte de un ser vivo es la pérdida de consciencia, pero los elementos químicos siguen existiendo y comienzan a formar parte del entorno con procesos microscópicos, es decir, las partes siguen existiendo y asimilando para continuar, otra evidencia de lo infinito de la materia, su cambio, aunque sigue existiendo.

Algunos astrónomos explican una teoría del fin del universo, pero no se percatan que formamos parte de infinitos universos y todos evolucionan con agujeros negros que intercambian materia y energía por lo que estos se expanden, aunque también la parte observable puede sufrir contracciones. Todas estas observaciones son a diferencias de miles de millones de años porque el tiempo a nivel del universo lleva periodos mucho mayores que la vida de un ser humano y no podemos llegar a alcanzar el infinito.

El quinto corolario se ha experimentado con la evolución de las especies de Darwin donde los seres humanos y los animales se han ido adaptando a su entorno para garantizar la supervivencia de las especies. Los seres vivos presentan menor entropía porque están organizados y concentran más energía para su funcionamiento o desarrollo. Si bien la entropía se transforma, la del universo de igual forma es infinita por ello no se crea ni se destruye, sólo se transforma.

Sin materia ni energía no hay fuerzas que son el resultado del movimiento que es consustancial a la materia, todo se mueve si lo referenciamos de forma adecuada. La energía es una manifestación de la materia que se mueve.

Aunque Newton en el siglo XVII imaginó y formuló fuerzas que interactúan a distancia fue con Einstein donde la distorsión del espacio explica el trasfondo de las fuerzas. Con estas distorsiones de la curvatura del espacio explicó por qué la luz tenía curvatura entre dos puntos. Incluso Einstein indicó que la presencia del Sol distorsiona el camino de la luz procedente de estrellas lejanas y por eso se observa que tiene curvatura, se ha podido probar experimentalmente que la luz se curva al pasar por el Sol lo que demuestra que le afecta la forma del universo.

El principio físico de Riemann que explica los universos en varias dimensiones no logró descubrir que la curvatura del espacio está directamente relacionada con la cantidad de energía y materia contenida en dicho espacio.

La famosa ecuación Einstein, que esencialmente afirma:

**Materia-energía $\Rightarrow$ curvatura del espacio-tiempo**

Es otra de las maravillas del genio de donde la flecha significa «determina». Esta ecuación engañosamente corta es de los más destacados triunfos de la mente humana y que abre al camino para entender que la materia y energía del universo nos determina el espacio y el tiempo que se produce.

# Bibliografía

Algunos de los libros consultados en los dos últimos años, aunque parte está basado en conocimientos anteriores, la experiencia profesional y en conocimientos y reflexiones realizados en Máster universitario, cursos y proyectos con equipos de trabajo de diferentes índoles.

- Arsuaga, Juan Luis; Martínez, Ignacio; Especie Elegida. La larga marcha de la evolución humana, ed. Temas de Hoy, 10º edición, 2000.

- Bello, Eva, El viaje eres tú: La aventura hacia la vida que mereces, Kindle, 2022.

- Bergson, Henri, Historia de la idea del tiempo, ed. Ediciones Paidós, 2018.

- Bruno, Giordano; Sobre el infinito universo y los mundos, ed. Aguilar, 2°ed., 1981.

- Díaz Beltrán. Ángeles Isabel, Estrellas y Galaxias, ed. Ediciones Akal, 2019

- Emil Frankl, Voktor, El Hombre en busca de Sentido, ed. Herder, 2021.

- Felippes, Marcelo, Logística: transporte aéreo, Kindle, 2020.

- Gaspar y Rimbau, Enrique, El Anacronópete (La máquina del tiempo), Kindle, 2017.

- Guido, Indij, Sobre el tiempo, ed. La Marca, 2018.

- Harari, Yuval Noah, Sapiens. De animales a dioses: Breve historia de la humanidad, ed. Debate, 2015.

- Harari, Yuval Noah, Homo Deus: Breve historia del mañana, ed. Debate, 2017.

- Hawking, Stephen W.; Historia del tiempo: Del big bang a los agujeros negros, ed. Alianza Editorial, 2011.

- Hawking, Stephen W.; Thorne, Kip S.; Novikov, Igor; Ferris, Timothy y Lightman, Alan; el futuro del espacio tiempo; ed. Crítica, 2003.

- Martin Belz, Frank; Peattie, Ken, Josep María Gali, Josep, Marketing de sostenibilidad: Una perspectiva global, ed. Profit, 2013.

- Martinez, Roberto, APRENDE COMO EINSTEIN: Secretos y técnicas para aprender cualquier cosa, desarrollar la creatividad y descubrir al Genio que hay en ti, Kindle, 2020.

- Moravec, Hans, El hombre mecánico. El futuro de la robótica y la inteligencia humana, Barcelona, Salvat, 1993

- Kaku, Michio, Hiperespacio, ed. Crítica, 5º edición, 2009.

- Kahu, Michio, El futuro de nuestra mente, 2007.

- Kaku, Muchio, La física del futuro: Cómo la ciencia determinará el destino de la humanidad y nuestra vida cotidiana en el siglo XXII, ed, del libro, 2011.

- Loren, Santiago, Del electrón a Dios, ed. Plaza&Janes, 1968.

- Negro, María, Cambia el mundo: 10 pasos hacia una vida sostenible, ed. Zenith, 2020.

- Phimister, Alexander; Torruella Torres, Albert, El libro de la innovación: Guía práctica para innovar en tu empresa, libros de cabecera, 2021.

- Razeto Migliaro, Luis, TEORÍA ECONÓMICA COMPRENSIVA: Para entender la economía en su diversidad y complejidad (ECONOMÍA SOLIDARIA Y COOPERATIVA), Kindle, 2017.

- Ridley, Matt, Genoma: La Autobiografía De Una Especie En 23 Capítulos, ed. Taurus, 2000.

- Riley, Denise, El tiempo vivido sin su fluir, Ed. Alpha Decay S.A., 2020.

- Rovelli, Carlo, Y si el tiempo no existiera?, ed. Herder, 2019.

- Ruiz Otero, Eug, Los recursos humanos y responsabilidad social corporativa, 2ª ed. McGraw-Hill, 2021.

- Schmid, Steven R., Manufactura Ingeniería y Tecnología - Volumen 2, ed. Pearson, 2015.

- Toharia, Manuel, El libro del tiempo, ed. Crítica, 2013.

- United Nations (2017) Resolution adopted by the General Assembly on 6 July 2017, Work of the Statistical Commission pertaining to the 2030 Agenda for Sustainable Development.

- United Nations (2015) Resolution adopted by the General Assembly on 25 September

2015, Transforming our world: the 2030 Agenda for Sustainable Development.

- Weiss, Brian, A través del tiempo, ed. B de Bolsillo, 2018.

www.ingramcontent.com/pod-product-compliance
Lightning Source LLC
Chambersburg PA
CBHW050002230526
45465CB00003BB/1225